灰尘的旅行

高士其◎著

应急管理出版社
·北 京·

图书在版编目（CIP）数据

灰尘的旅行/高士其著．－－北京：应急管理出版社，2020

（儿童文学经典起点阅读）

ISBN 978－7－5020－8385－4

Ⅰ．①灰…　Ⅱ．①高…　Ⅲ．①细菌—少儿读物　Ⅳ．①Q939．1－49

中国版本图书馆 CIP 数据核字(2020)第 200545 号

灰尘的旅行（儿童文学经典起点阅读）

著　　者　高士其
责任编辑　孙　婷
封面设计　宋双成

出版发行　应急管理出版社（北京市朝阳区芍药居 35 号　100029）
电　　话　010－84657898（总编室）　010－84657880（读者服务部）
网　　址　www. cciph. com. cn
印　　刷　北京飞达印刷有限责任公司
经　　销　全国新华书店

开　　本　710mm×1000mm 1/16　**印张**　10　**字数**　238 千字
版　　次　2021 年 1 月第 1 版　2021 年 1 月第 1 次印刷
社内编号　20200879　**定价**　26. 80 元

前言

《儿童文学经典起点阅读》丛书，用丰富的语言活跃孩子们的想象力，拓展孩子们的视野；用浪漫、有哲理的故事帮助孩子们认识社会、理解人生；用广博的知识启发孩子们对大自然和人类自身进行探究、审视。孩子们通过阅读中外经典故事，为以后的成长打下坚实的基础，努力成为通达事理、明辨是非的人。本套丛书具有以下特点：

其一，科学性。本套丛书的作者，很多都是大师级的人物，他们的作品有较高的科学价值。

其二，阅读性。本套丛书中真善美战胜假恶丑的故事可以让孩子们感受到，今后无论遇到多么糟糕的事情，只要一直向往光明、心存善念，最终所有的困难都会被美好和幸福所取代。

其三，"悦"读性。本套丛书用活泼生动的语言，向孩子们解释了很多深奥的问题。孩子们可以通过丰富的想象，获得多元的体验，对今后的成长无疑是很有益处的。

希望本套丛书能够丰富孩子们的课外知识，开启他们的智慧大门，让他们拥有幸福美好的未来。

灰尘的旅行——科学趣谈

细菌和人——科学小品

灰尘的旅行——科学趣谈

名师导读

科学世界里有多少奥秘谁也不知道！为了解开那些神奇而有趣的科学之谜，我国许多优秀的科普作家做了精彩的回答。灰尘是地球上永不疲倦的旅行者，你知道它们的旅程吗？蜜蜂有许多的秘密，你想了解一下吗？细胞是很神奇的，它们有着不死的精神，你也很感兴趣吧？高士其先生的一系列“科学趣谈”，将为你一一解开这些科学之谜。

灰尘的旅行

灰尘是地球上永不疲倦的旅行者，它随着空气的动荡而飘动。

我们周围的空气，从室内到室外，从城市到郊野，从平地到高山，从沙漠到海洋，几乎处处都有它的行踪。真正没有灰尘的空间，只有在实验室里才能制造出来。

在晴朗的天空下，灰尘是看不见的，只有在太阳的光线从百叶窗的缝隙里射进黑暗的房间的时候，才可以清楚地看到无数的灰尘在空中飘浮。大的灰尘用肉眼固然可以看得见，小的灰尘比细菌还要小，就是用显微镜也观察不到。

根据科学家测验，在干燥的日子里，城市街道上的空气中，每立方厘米大约有10万粒以上的灰尘；在海洋上空的空气里，每立方厘米大约有1000多粒灰尘；在旷野和高山的空气里，每立方厘米只有几十粒灰尘；在住宅区的空气里，灰尘要多得多。

这样多的灰尘在空中游荡着，对于气象的变化产生了不小的影响。原来灰尘还是制造云雾和雨点的小工程师，它们会帮助空气中的水分凝结成云雾和雨点，没有它们，就没有白云在天空遨游，也没有大雨和小雨了；没有它们，在夏天，强烈的日光将直接照射在大地上，使气温不能降低。这是灰尘在自然界的功用。

在宁静的空气里，灰尘开始以不同的速度下落，这样，过了许多日子，就在屋顶上、门窗上、书架上、桌面上和地板上，铺上了一层灰尘。这些灰尘，又会因空气的动荡而上升，风把它们吹送到遥远的地方去。

1883年，在印度尼西亚的一个岛上，有一座叫作克拉卡托的火山爆发了。在喷发的时候，岛的大部分被炸掉了，最细的火山灰尘上升到8万米——比珠穆朗玛峰还高8倍的高空，周游了全世界，而且还停留在高空一年多。这是灰尘最高最远的一次旅行了。

如果我们追问一下，灰尘都是从什么地方来的？到底是些什么东西呢？我们可以得到下面一系列的答案：有的是来自山地的岩石的碎屑，有的是来自田野的干燥土末，有的是来自海面的由浪花蒸发后生成的食盐粉末，有的是来自上面所

说的火山灰，还有的是来自星际空间的宇宙尘。这些都是天然的灰尘。

还有人工的灰尘，主要是来自烟囱的烟尘，此外，还有水泥厂、冶金厂、化学工厂、陶瓷厂、锯木厂、纺织工厂、呢绒工厂、面粉工厂等，这些工厂都是灰尘的制造所。

除了这些无机的灰尘之外，还有有机的灰尘。有机的灰尘来自生物的家乡。有的来自植物之家，如花粉、棉絮、柳絮、种子、孢芽等，还有各种细菌和病毒。有的来自动物之家，如皮屑、毛发、鸟羽、蝉翼、虫卵、蛹壳等，还有人畜的粪便。

有许多种灰尘对于人类的生活是有危害性的。自从有机物参加到灰尘的队伍中以来，这种危害性就更加严重了。

灰尘的旅行，对于人类的生活有什么危害性呢？

它们不但把我们的空气弄脏，还会弄脏我们的房屋、墙壁、家具、衣服以及手上和脸上的皮肤。它们落到车床内部，会使机器的光滑部分磨坏；它们停留在汽缸里面，会使内燃机的活塞发生阻碍；它们还会毁坏我们的工业成品，把它们变成废品。这些还是小事。灰尘里面还夹杂着病菌和病毒，它们是我们健康的最危险的敌人。

灰尘是呼吸道的破坏者，它们会使鼻孔不通、气管发炎、肺部受伤，而引起伤风、流行性感冒、肺炎等传染病。如果在灰尘里边混进了结核菌，那就更危险了。所以必须禁止随地吐痰。此外，金属的灰尘特别是铅，会使人中毒；石灰和水泥的灰尘，会损害我们的肺，又会腐蚀我们的皮肤。花粉的灰尘会使人发生哮喘病。在这些情况之下，为了抵抗灰尘的进攻，我们必须戴上面具或口罩。最后，灰尘还会引起爆炸，这是严重的事故，必须加以防止。

因此，灰尘必须受人类的监督，不能让它们乱飞乱窜。

我们要把马路铺上柏油，让喷水汽车喷洒街道，把城市和工业区变成花园，让每一个工厂都有通风设备和吸尘设备，让一切生产过程和工人都受到严格的监督和保护。

近年来，科学家已发明了用高压电流来捕捉灰尘的办法。人类正在努力控制灰尘的旅行，使它们不再成为人类的祸害，而为人类的利益服务。

土壤世界

土壤——绿色植物的工厂

在一般人的心目中，土壤没有受到应有的重视。有些人认为：土壤就是肮脏的泥土，它是死气沉沉的东西，静伏在我们的脚下不动，并且和一切腐败的物质同流合污。

这种轻视土壤的思想，是和轻视劳动的态度连在一起的。这是对于土壤极大的诬蔑。

在我们劳动人民的眼光里，土壤是庄稼最好的朋友。要使庄稼长得好，要多打粮食，就得在土壤身上多下点功夫。

要知道，土壤和阳光、空气、水一样，都是生命的源泉。“万物土中生”，这是我国的一句老话。苏联作家伊林，也曾把土壤叫作“奇异的仓库”。

不错，土壤的确是生产的能手，它对于人类生活的贡献非常大。我们的衣、食、住、行和其他生活资料都靠它供应。它给我们生产粮食、棉花、蔬菜、水果、饲料、木材和工业原料。

老实说，没有土壤我们就不能生存。

因此，我们要很好地去认识土壤，了解它，爱护它。

土壤是制造绿色植物的工厂，它对于植物的生活负有大部分的责任，它是植物水分和养料的供应者。

纯粹的泥土，没有水分和养料的泥土，不能叫作土壤。土壤这个概念，是和它的肥力分不开的。

肥力就是生长植物的能力，就是水分和养料。这些水分和养料，被植物的根系吸取，通过叶绿素的光合作用，在阳光照耀之下，它们会同空气中的二氧化碳发生反应，变成植物的有机质。

能生长植物的泥土，就叫作土壤。这是苏联伟大的土壤学家威廉士给土壤所下的科学定义。他说："当我们谈到土壤时，应该把它理解为地球上陆地的松软表面地层，能够生长植物的表层。"

肥沃性是土壤的特点，它随着环境条件的改变不断地发生着变化。

有的土壤肥沃，有的土壤贫瘠。

肥沃的土壤是丰收的保证；贫瘠的土壤给我们带来不幸的歉年。土壤一旦失去肥力，不能生长植物，就变成毫无价值的泥土而不再是土壤了。

土壤是大实验室、大工厂、大战场。在这儿，经常不断地进行着物理、化学和生物学的变化；在这儿，昼夜不息地进行着破坏和建设两大工程；在这儿，也进行着生和死的搏斗、生物和非生物的大混战，场面非常热烈而紧张。

在参加作战的行列中，有矿物部队，如各种无机盐；有植物部队，如枯草、落叶和各种植物的根；有动物部队，如蚂蚁、蚯蚓和各种昆虫以及腐烂的尸体；有微生物部队，如原虫、藻类、真菌、放线菌和鼎鼎大名的细菌等。此外，还有水的部队和空气部队。所以有人说："土壤是死自然和活自然的统一体。"这句话真不错。

自从人类进入这个大战场之后，人就变成决定土壤命运的主人。

人类向土壤进行一系列的有计划的战斗，例如耕作、灌溉、施肥和合理轮作等。于是，土壤开始为农业生产服务，不能不听人的指挥、服从人的意志了。这样，土壤就变成了人类劳动的产物，为人类造福。

土壤是怎样形成的？

大约几万万年以前，当地球还是非常年轻的时候，地面上尽是高山和岩石，既没有平地，也没有泥土。大地上是一片寂寞荒凉的景象，毫无生命的气息。

白天，烈日当空，石头被晒得又热又烫；晚上，受着寒气的袭击，骤然变冷。夏天和冬天相差得更厉害。几千万年过去了，这一热一冷，一胀一缩，终于使石头产生了裂缝。

有的时候，阴云密布、大雨滂沱，雨水冲进了石头裂缝里面，有一部分石头就被溶解。

到了寒冷的季节，水凝结成冰，冰的体积比水的体积大，更容易把石头胀破。狂风吹起来了，像疯子一样，吹得飞沙走石；连大石头都摇动了。

还有冰川的作用，也给石头施上很大的压力，使它们破碎。

就是这样：风吹、雨打、太阳晒和冰川的作用，几千万年过去了，石头从山上滚落下来，大石块变成小石块，小石块变成石子，石子变成砂子，砂子变成泥土。

这些砂子和泥土，被大水冲刷下来，慢慢地沉积在山谷里，日子久了，山谷就变成了平地。从此，漫山遍野都是泥土。这是风化过程。

但是呀！泥土还不是土壤，泥土只是制作土壤的原料。要

想泥土变成土壤，还得经过生物界的劳动。

首先，是微生物的劳动。

微生物是第一批土壤的劳动者。在生命开始的那一天，它们就参加建设土壤的工作了。微生物是极小极小的生物，它们的代表是原虫、藻类、真菌、放线菌和鼎鼎大名的细菌。

这些微生物的繁殖力非常强，只要有一点点水分和养料，就会迅速地繁殖起来。它们对于养料的要求并不高，有的时候有点硫黄或铁粉就可以充饥；有的时候吸取到空气中的氮也可以养活自己，于是泥土里就有了氮的化合物的成分。同时，泥土也变得疏松了些。这是泥土变成土壤的第一步。

但是，微生物的身子很小，它们的能力究竟有限，不能改变泥土的整个面貌，只能为比它们大一点的生物铺平生活的道路。经过若干年以后，另外一种比较高级的生物——像地衣之类的东西——就在泥土里出现了。它们的生活条件稍微高一点，它们死后，泥土里的有机质和腐殖质的成分又多了一些，泥土也变得更肥沃一些。

随着生物的进化，苔藓类和羊齿类的植物相继出现了。

每一次更高一级的生物的出现，都给泥土带来了新的有机质和腐殖质的内容。

这样，慢慢地，一步一步地，泥土就变成了土壤。

如果没有生物界的劳动，泥土变成土壤，是不能想象的。

不过，在不同的地方，不同的泥土、不同的气候、不同的地形和不同的生物，都会影响土壤的性质。

对于植物的生活来说，随着自然的发展，有时候土壤会变得更加肥沃;有时候土壤也会变得更加贫瘠。

农民带着锄头和犁耙来同土壤打交道,要它们生产什么,它们就生产什么:要它们生产多少,它们就生产多少。在人的管理下,土壤不断地向前革命。

在我们社会主义国家里,土壤的情绪是非常饱满而乐观的,它们都以忘我的劳动为农业生产服务。

什么决定土壤的性质?

土壤的种类繁多,名称不一,有什么黑钙土、栗钙土、红壤、黄壤之类奇异的名称。这些不同名称的土壤,各有不同的性质,有的非常肥沃,有的十分贫瘠。决定土壤性质的有五种因素,这些就是:母质、气候、地形、生物和土壤年龄。

首先谈母质。

母质又叫作生土,它们是土壤的父母,岩石的儿女。土壤都是由母质变来的,母质又都是从岩石变来的。

地球上岩石的种类也很多:有白色的石英岩;有灰色的石灰岩;有斑斑点点的花岗岩;有一片一片的云母岩,等等。这些不同的岩石,是由不同的矿物组成的。

不同的矿物具有不同的性质,有的容易分解和溶解,有的则比较难,它们的化学成分也不相同。

母质既然是岩石的儿女,它们的化学成分既受岩石的影响,又转过来影响土壤质量的好坏。

例如,母质所含的碳酸盐越多,土壤就越肥沃;相反,如果碳酸盐缺少,土壤就变得贫瘠。

母质——土壤的父母,它们的密度、多孔性和导热性也影

黑钙土
红壤
黑钙土

响土壤的性质。如果母质是疏松多孔又容易导热的，就能使土壤里有充足的空气和水分，那么土壤的肥沃性就有了保证。

其次谈气候。

不同的地区，有不同的气候。风、湿度、蒸发的作用、温度和雨量，都是气候的要素，它们都会影响土壤的性质。其中以温度和雨量的作用更为显著。温度越高，土壤里的物理、化学和生物学的变化就进行得越快；温度越低就进行得越慢。雨量越多，土壤里淋洗的作用就越强，很多的无机盐和腐殖质就会被带走；雨量越少，土壤就会变得越干燥，淋洗作用也减弱。

第三谈地形。

地形的不同，对于土壤的性质也有很大影响。这是由于气候和地形的关系很密切，往往由于一山之隔，山前山后，山上山下的气候都不相同。一般说来，地势越高，气候越冷；地势越低，气候越热；背阴的地方冷，向阳的地方热。如果是斜坡，土壤容易滑下来，土层就不厚；如果是洼地，土粒就很容易聚集起来，土层就堆得厚。地势越高，地下水越深；地势越低，地下水离地面越近。

所以，由于地形的不同，影响了土壤的性质，使有些地方植物生长得很好，有些地方的植物生长得不好。

第四谈生物。

生物界对于土壤的影响是很大的，它们的行列中有植物、动物和微生物。

植物是土壤养料的蓄积者，它们的遗体留在土中，可以增加土壤有机质和腐殖质的成分，以供微生物活动的需要。植物的根还会分泌带有酸性的化合物，可以使土壤中难以分解的矿物质得到分解。

由于植物的覆盖可以改变气候，就会使土壤的性质发生变化。例如，森林能缓和风力，积蓄雨水和雪水，润湿空气，减少土壤的蒸发。

动物中如蚯蚓、蚂蚁和各种昆虫的幼虫，也都是土壤的建设者，它们在土壤里窜来窜去，经过它们的活动，就会使土粒松软。

微生物对于土壤的性质影响更大。微生物的代表有原虫、藻类、真菌、放线菌和细菌，它们一面破坏复杂的有机物，一面建设简单的无机盐，促进了土壤的变化，使植物能得到更多的养料。它们之中，以细菌最为活跃，细菌不但是空气中氮素的固定者，它们还经常和豆科植物合作，把更多的氮素固定起来，使土壤肥沃，就是它们死后的残体也变成了植物的养料。

最后谈土壤年龄。

土壤的年龄有大有小。土壤从它的发生到现在，一直都在变化和发展。它由一种土壤变成另一种土壤，因而土壤的年龄和它的性质是有关系的。土壤越老，它的内容越复杂。

以上五种因素，对于土壤的性质都有影响。但是，它们都可以由人类来控制。人类向大自然进军的目的，就是要改变土壤的性质，用人的劳动来控制土壤发展的方向，使它能更好地为农业生产服务。

细胞的不死精神

嘀嗒嘀嗒……嘀嗒又嘀嗒。

壁上挂钟的声音,不停地摇响,在催着我们过年似的。

不会停的啊!若没有环境的阻力,只有地心的吸力,那挂钟的摇摆,将永远在摇摆,永远嘀嗒嘀嗒。

苹果落在地上了,江河的潮水一涨一退,天空星球在转动,也都因为地心的吸力。

这是18世纪,英国那位大科学家牛顿先生告诉我们的话。

但,我想,环境虽有阻力,钟的摇摆,虽渐渐不幸而停止了,还可用我的手,再把发条拧一拧,再把钟摆摆一摆,又嘀嗒嘀嗒地摇响不停了。

再不然,钟的机器坏了,还可以修理的呀。修理不行,还可以拆散改造的呀。

我们这世界,断没有不能改良的坏货。不然,收买旧东西的便要饿肚皮。

钟摆到底是钟摆,怕的是被古董家买去收藏起来,不怕环境有多么大的阻力,当有再摇再摆的日子。

地心的吸力,环境的阻力,是抵不住、压不倒人类双手和大脑的一齐努力抗战啊。你看,一架一架、各式各样的飞机,不是都不怕地心的吸力,都能远离地面而高飞吗?

这一来,钟摆仍是可以嘀嗒嘀嗒地不停了。也许因外力的压迫,暂时吞声,然而不断地努力,修理,改造,整个嘀嗒嘀嗒的声音,万不至于绝响的啊!

无生命的钟摆?经人手的一拨再拨,尚且永远不会停止,有生命的东西,为什么就会死亡?究竟有没有永生的可能呢?

死亡与永生,这个切身的问题,大家都还没有得到一个正确的解答。

在这年底难关大战临头的当儿,握着实权的老板掌柜们,奄奄没有一些儿生气,害得我们没头没脑,看见一群强盗来抢,就东逃西躲,没有一个敢出来抵抗,还有人勾结强盗以图分赃哩。真是1935年好容易过去,1936年又不知怎样。不知怎样做人是好,求生不得,求死不能,生死的问题愈加紧迫了。

然而这问题不是悄悄地绝望了。

我们不是坐着等死,科学已指示我们的归路、前途。

我们要在生之中探死,死里求生。

生何以故会生?

生是因为,在天然的适当环境之中,我们有一颗不能不长,不能不分的细胞。

细胞是生命的最小最简单的代表,是生命的起码货色。不论是穷得如细菌或阿米巴,一条性命,也有一粒寒酸的细胞,或富得像树或人一般,一身也不过多拥有几万万粒细胞罢了。山芋的细胞,红葡萄的细胞,不比老松老柏的细胞小多少。大象、大鲸的细胞,也不比小鼠小蚁的细胞大多少。在这生物的一切不平等声浪中,细胞大小肥瘦的相差,总算差强人意吧。

这细胞,不问它是属于哪一位生物,落到适合于它生活的肉汁、血液,或有机的盐水当中,就像磁石碰见着铁粉一般地

高兴，尽量去吸收那环境的滋养料。

吸收滋养料，就是吃东西，是细胞的第一个本能。

吃饱了，会涨大，涨得满满当当的，又嫌自己太笨太重了，于是不得不分身，一分为二。

分身就等于生孩子，是细胞的第二个本能。

分身后，身子轻小了一半，食欲又增进了。于是两个细胞一齐吃，吃了再分，分了又吃。

这一来，细胞是一刻比一刻多了。

生物之所以能生存，生命之所以能延续下去，就靠着这能吃能分的细胞。

然而，若一任细胞，不停地分下去，由小孩子变成大人，由小块头变成大块头，再大起来，可不得了，真要变成大人国的巨人，或竟如希腊神话中的擎天大汉，或如佛经中的须弥山王那么大了。

为什么，人一过了青春时期，只见他一天老过一天，不见他一天高大过一天呢？

是不是细胞分得疲乏了，不肯再分哪？有没有哪一天哪一个时辰，细胞突然宣告停业了倒闭了呀？

细胞的靠得住与靠不住，正如银行商店的靠得住与靠不住，不然，人怎么一饿就瘦，再饿就病，久饿就死呢？不是细胞亏本而召盘么？那么，给它以无穷雄厚的资源，细胞会不会超过死亡的难关，而达于永生之域呢？

这是一个谜。

这个谜，绞尽了几十个科学家的脑汁，费光了好几位生理

学者的心血，终于是打破了。

1913年，有一天，在纽约，在煤油大王洛氏基金所兴建的研究院里，有一位戴着白金眼镜的生理学者，葛礼博士，手里拿着一把消毒过的解剖刀，将活活的一只童鸡的心取出，他用轻快的手术，割下一小块鲜红的心肌肉，投入丰美的滋养汁中，放在一个明净的玻璃杯里面。立刻下了一道紧急戒严令，长期不许细菌飞进去捣乱，并且从那天起，时时灌入新鲜的滋养汁，不使那块心肌肉的细胞有一刻饿。

自那天起，那小小一块肉胚，每过了24个钟头，就长大了一倍，一直活到现在。

前几年，我在纽约城，参观洛氏研究院，也曾亲见过这活宝贝，那时候已经活了16年了，仍在继续增长。

本来，在鸡身内的心肉，只活到一年，就不再长大了。而且，鸡蛋一成了鸡形，那心肉细胞的分身率，就开始退减了。而今这个养在鸡身以外的心肉细胞，竟然已超过了死亡的境界，而达到永生之域了。至少，在人工培养之中，还没有接到它停止分身的消息啊！

葛礼博士这个惊人的实验证实了细胞的伟大。

细胞真可称为仙胞，它有长生不死的精神与力量。只可惜为那死板板的环境所限制。一颗细胞，分身生殖的能力虽无穷，恨没有一个容纳这无穷之生的躯壳，因而细胞受了委屈，生物都有死亡之祸了。

说到这里，我又记起那寒酸不过，一身只有一粒细胞的细菌。它们那些小伙伴当中，有一位爱吃牛奶的兄弟，叫作“乳酸杆菌”。当它初跳进牛奶瓶里去时，很显出一场威风，几乎把牛奶的精华都吃光了。后来，谁知它吃得过火，起了酸素作用，大煞风景了。因为在酸溜溜的奶汁里，它根本就活不成。

这是怪牛奶瓶太小，酸却集中了。假设使牛奶瓶无限大，酸也可以散至“乌有之乡”去了，那杆菌也可以生存下去了。

这是细菌的繁殖，也受了环境的限制。

环境限制人身细胞的发展，除了食物和气候而外，要算是形骸。

形骸是人身的架子，架子既经定造好了，就不能再大，不能再小，因而细胞又受着委屈了。

据说限制人身细胞的发展，还有“内分泌”咧。

内分泌，这稀奇的东西，太多了也坏事，太少了也坏事，我们现在且不必问它。

有人说中国的民族老了，中国民族的内分泌，一半变成汉奸，一半变成不抵抗的弱者，把中国的细胞都搅得分散了。

中国民族的生存，也和细胞一样，受着环境的威胁了。内有汉奸的捣乱，不抵抗弱者的牵制，外有强敌的步步压迫，已到了生死存亡的关头了。

然而民族是有不死的精神和反抗的力量的。

中华民族固有的不死精神和潜伏的斗生力量，消沉到哪里去了？还不跳出来！

我们要打破“由命不由人”这个传统的糊涂意识。科学已指示我们，环境的阻力，可以一一克服。我们民族的命运，还在我们民众自己手里。全体中华民众团结起来，武装起来，奔腾怒吼起来，任何敌人的飞机、大炮都要退避。

就是敌人已经把我们国家拉上断头台去，我们民众还可一言呐喊，大劫法场啦！

用人手一拨，钟摆可以不停。

用人工培养，细胞可以永生。

集合民众力量，一致抗敌，自力更生，自力斗生，中国不亡！

单细胞生物的性生活

《西游记》里，孙行者有七十二变，拔下一根毫毛，迎风一吹，说一声变，就变出一个和他一般模样的猴儿，手里也拿着金箍棒，跳来跳去。把全身的毫毛都拔下，就变出无数个拿金箍棒的猴儿来，可以抗尽天兵天将。不这样讲，不足以显出齐天大圣的神通广大。

纶巾羽扇的诸葛亮，坐在手推车里，也会演出分身术的戏法来，把敌人兵马都吓退了。

这两段故事，虽荒诞无稽，可是大众的脑子，已给深深地印上分身变化的影子了。

我们现在把这影子，引归正道，用它来比拟生物学上的现象。

地球上的一切生物，哪个不会变化，哪个不会分身。有了分身的本领，才可以生生不灭哩。

我们眼角边，没有挂着一架显微镜，所有自然界中，一切细腻而灵活，奇妙而真实的变动，肉眼虽大，总是看不见的啊！

春雷一响，草木个个都伸腰舒臂，呵一口气而醒来了。一晚上的工夫，枯黄瘦削的树干上，已渐渐长出新枝嫩叶，又渐渐放出一瓣一瓣的花儿蕊儿。娇滴滴的绿，艳点点的红，一忽儿看它们出来，一忽儿看它们残谢，它们到底是怎样发生，怎样变化的呢？

吃过了一对新夫妇的喜酒。不久之后，便见那新娘子的肚子，渐渐膨胀起来，一天大似一天。又过了几个月头，那妇人的怀中，抱着一个啼啼哭哭的小娃娃在喂奶了。新婚后，女人的身体上，起了什么突变，那孩子又是怎样地变出来的呢？

这一类的问题，大众即使懂得一点儿，也还是一知半解，没有整个地明了，也没有全部地认识过。

在显微镜下看来看去，不论是人，拥有一万万个以上的又丰又肥的细胞，或是“阿米巴”，孤零零地只有一个带点寒酸气的穷细胞，基本上的变化，千变万变万万变，都是由于一个原始细胞，用分身术，一而二，二而四，而八而十六，不断不穷地，自有生之初，一直变下来，变成现在这样子了。这期间，经过一期一期的外力压迫，而发生一次一次的突变，于是连变的方法，也改良了，各有各的花样了。

这些变的方法，变的花样，归纳起来，可分为两大类：一类是孤身独行，一粒一粒单单的细胞，自由自主地，分成两个；一类是偏要配合成双，先有两个细胞，化在一起，而后才肯开始一变二变四地分身。前一类，无须经过结合的麻烦，所以叫作“无性生殖”，后一种，非有配偶不可，所以叫作“有性生殖”。它们的目的都在生殖传种，而它们的方法则有有性无性的分别。

单细胞生物，寂寞地运用它那一颗孤苦伶仃的细胞，竟然也能完成生存的使命。

慢一点，生存的使命是什么？

是一切生物共同的目标，是利用环境的食料与富源，不惜任何牺牲，竭力地把本种本族的生命，永远延续下去，保持本种本族在自然界中固有的地位，尽量发展所有的本能。凡足以危害，甚至于灭亡吾种吾族的种种恶势力，皆奋力与之斗争；凡是对大众生活友好的，就与之提携互助，合力维护生物全体的均衡。

总之，种的留传和生物界的均衡，便是生存最终的使命。而同时一切的变化与创造，乃是生活过程中，种种段段的表现而已。

单细胞生物中，单纯用无性生殖以传种者，居多，用有性生殖以传种者，也有。

就无性生殖而言，至少也有三种花样，样样不同，各自有道理。

从荷花池中，烂泥污水里，滤出来长不满百分之一英寸的阿米巴，婆娑多态，佶屈不平，那一条忽伸忽缩的伪足，真够迷人。在墙根底下，雨水滴漏处，刮下来纷纷四散的青苔绿藓，形似小球儿，结成一块儿，有时蔓延到屋瓦，浓绿淡青，带点古色古味，爽人心脾。这两种，一是最简单的动物，一是最简单的植物。它们的单细胞当中，都有一粒核心，核心里面都有若干色体，不能再少了。当它们吃饱之后，色体先分为两半，继而核心也分作两粒，最后整个的细胞，也分裂而变成两个了。

两个细胞，一齐长大起来，和原有的细胞一般模样又重新再分了。这样的分法，一代传一代，不需一个时辰，然而其间也曾经过不少细微的波折，非亲眼在显微镜上观察，未能领悟其中真相，这是无性生殖之一种。

圆胖圆胖的"酵母"，身上带点醉意和糖味，专爱啖水果，吃淀粉，成天地在酒桶里胡调，吃了葡萄，吐出葡萄酒，吃了麦芽，吐出啤酒，吃了火上烘的麦粉浆，发成了热腾腾的面包、馒头。小小的"酵母"，真不愧是我们特约制酒发酵的小技师。这个单细胞小生物长不满四千分之一英寸，胞中也有核心，身旁时时会起泡，东起一个泡，西起一个泡，那泡渐涨渐大，变成大酵母，和原有的细胞分家而自立了。这种分身法，叫作发芽生殖，是无性生殖之第二种。

水陆两栖的青蛙，我们是听惯见惯的了。还有"两寄"的疟虫，可惜很多人都没有机会和它会会面，然而我们小百姓，年年夏秋之间常常吃它的亏，遭它的暗算。这疟虫，是一种吃血的寄生虫，也是单细胞动物之一种，和阿米巴小同而大异。

疟虫两寄，是哪两寄？

一寄生于人身，钻入红血球，吃血素以自肥，血素吃厌了，变成雄与雌，蚊子咬人时，趁势滚进蚊子肚里去了。一寄生于蚊身，在蚊胃里混了半辈子，经过一段一段的演变，变成许多镰刀形似的疟虫儿，伏在蚊子口津里，蚊子再度咬人，又送到人血里去了。这样地，奔来奔去，一回蚊子一回人，这里寄宿几夜，那里寄宿几天，这就叫作"两寄"。

本来，同是生物，尽可通融，互惠，让它寄寄又何妨。但恨它，阴险成性，专图破坏我们的组织，屠杀我们的血球，使受其害者，忽而一场大寒，忽而一阵大热，汗流如注，性命交关，不得已吞服了“金鸡纳霜”。把这无赖的疟虫，一起杀退，还我们失去的健康！

当那疟虫钻进红血球里去之后，就蜷伏在那里不动，这时候它的形态，佶屈不平，颇似“阿米巴”。它坐在那里，一点一点地把红血球里可吃的东西，都吃光了，自己渐渐肥大起来，变成12个至16个小豆子似的“芽孢”，胀满了红血球，胀破了红血球，奔散到血液的狂流中，各自另觅新的红血球吃。当这时候，那病人便牙战身抖，如卧寒冰，接着全身热烫起来。那疟虫吃光了新血球，又变成那么多的芽孢，再破红血球而流奔，重觅新血球，这样地循环不已，血球虽多，怎经得起它的节节进攻，步步压迫呢？这利用芽孢以传种的勾当，就叫作芽孢生殖。这是无性生殖的第三个花样。所以像疟虫这一类的单细胞动物，统称作“吃血芽孢虫”。

如此这般专用分身的法子以传种，这条妙计，永远行得通吗？分身术可以传之万世，万万世，终不至于有精竭力尽，欲分不得，欲罢不能的日子吗？太阳究竟会不会灭亡，生物究竟会不会绝种，细胞永远维持它食料的供给，究竟会不会，有那一天，再也分不下去了。然而，那一天，终究没有到，没有见证，我们不能妄下判词呀。

不过，自然界为维护生之永续起见，已经及早预防了。物种生命的第二道防线，已经安排好了。

这道防线，就是有性生殖。

有性生殖，就是有配偶的生殖。它的功用，是使生殖的力量加厚，生殖的机能激增，两个异体的细胞合作，彼此都多了一个生力军，物种也多了一份变化的因素了。

孤零零的一个细胞，单身匹马地分变，总觉有些寂寞、单调，而生厌烦吗？好了，现在也知追寻终身的伴侣了，大家都得着贴身的安慰了，地球因此也愈加繁荣了。

然而，无性生殖者，根本没有度过性生活的必要，好不自在，比一般尼姑和尚还清净，无牵无挂，逍遥遥地，吃饱了就分，分疲了又吃，岂不很好。有性生殖者，就大忙特忙了，既忙找配偶，又须忙结婚，哪有一分自由。

但是，太信任自由，易陷入孤立，一旦遇到暴风雨的袭击，就难以支持了。

于是生物，都渐由无性生殖，而发展至有性生殖，换一句话，由独身生活，而进入婚姻生活了。

在单细胞生物中，以无性而兼有性生殖者，“草履虫”就是一个好榜样。

草履虫，也可以从池塘中，烂泥污水里寻出。一小白点，一小白点，会游会动的小东西，放在显微镜下一看，形似南国田夫所穿的草鞋，全身披着一层细毛，借这细毛的鼓动以前进后退。它真是稳健实在多了，不学“阿米巴”那样假形假态，虽仍是单细胞，也有口，有食管，有两个排泄用的“收缩泡”，有食物储存泡，核心也有两颗，一大一小。有这一大一小的核心，它生殖传种的花样，就比较复杂了。

起先是身体拉长，小核心分作两个，继而大核心也分而为二．口、食管、收缩泡等，都化成细胞浆了。于是身体中断，变成一双草履虫儿了，口、食管、收缩泡等，又各自长出来了。大约每24小时，它就分身一次。据说有人看它分身，分到2500次，它还没有停止咧。

但，不知怎样，它后来终于是老迈无能了，赶紧和它的同伴结婚，两只草履虫，相偎相倚，紧紧贴在一起，互吐津液，交换小核心，其中情形，曲曲折折，难分难舍，难以细描了。总之，经过了这一番甜蜜蜜的结合，唤回了青春，又彼此分栖，各自分成两个儿子，又分成四个孙儿，一共是八个青春活泼的草履虫，重返于从前独身分变的生活了。

这虽是有性生殖之一种，但不分阴阳，不别雌雄，随随便便，找到同伴，结合结合，就行了。

然则，真的两性结合，又是怎样呢？

话又说到前面去了，不是那吃血的疟虫，正在用芽孢生殖法，循环地破坏我们的红血球吗？它若光是这样吃下去，老是躲在血球里面去，哪里会有这八面威风的架子，重见蚊子的肚肠，再乘着蚊子当飞机，去投弹于另一个人的血液里去呢？

疟蚊深明疾病大势，精通攻人韬略，它在人血里传了好几代，儿孙满堂，饮血狂欢，不知哪里听到蚊子飞近的消息，有好几房的疟虫儿虫孙，在血球里面闷不过，不肯再分芽孢了，突然摇身一变，变成雌雄两个细胞，十分威仪。有一次，一对一对疟虫新夫妇正在暗红的血洞里游行，忽然瞥见洞壁上插进来刺刀似的圆管，大家一看都乐了，都明白这是蚊子的刺，来

接它们出去，于是它们一对一对，争先恐后地都跳进这刺管，冲到蚊子肚子里去了。在蚊子肚子里，那雄的细胞放出好几条游丝似的精虫，有一条精虫跑得独快，先钻入那雌的细胞，和核心结合去，其余的精虫就都化走了。这样地结合之后，慢慢地胀大起来，分成了无数小镰刀似的疟虫芽孢儿，又伏在蚊子口津里，等着要吃人血了。

这就是雌雄两性生殖，顶简单的例子。

这一篇所讲的形形色色的杂碎的东西，就是单细胞生物的性生活的种种花样。至于多细胞生物的性生活又是怎样呢？那是后话。

新陈代谢中蛋白质的三种使命

“新陈代谢”这个名词，在大众脑子里没有一些儿印象；就有，也不十分深刻吧，有好些读者都还是初次见面。

比较最熟识，而兼最受欢迎的，还是为首的那“新”字，尤其是在这充满了新年气象的当儿。

现在有多少人正忙着过新年。国难是已厌恶到这地步，民众仍是不肯随随便便放弃去吃年糕的惯例。得贺年时，还是贺年。虽是旧历废了，改用新历，但，不问新与旧，街坊上年糕店的生意，依样地兴旺。

只要年年年糕够吃，人人都吃得起年糕，人人都能装出一副笑眼笑脸去吃年糕，中国是永远不会亡的。

若只有要人、阔人、名人，乃至于汉奸等，吃得有香有味，而我们贫民、灾民、难民，被迫在走投无路的角落里，吃些又咸又苦的自己的眼泪，那中国就没有真亡，我们已受罪，受得不能再忍下去了。

就有那些人，成天里，不吃别的，只吃些年糕当饭，也与健康有碍。因为平常的年糕里，大部分都是米粉、糖及脂肪，所含的蛋白质极少极少，而蛋白质却是食物中的中坚分子，不容吃得太少了。

大众说："'蛋白质'又是一个新鲜的名词，有点生硬，咽不下去。"

化学家就解释说："在动植物身上，所寻出的有机氮化物，大半都是'蛋白质'。例如，鸡蛋的蛋白，就几乎完全都是蛋白质，蛋白质也因此而得名。蛋白质的种类很多，结构很复杂，而它实是一切活细胞里面最重要的成分。地球上所有的生活作用，不能没有它。动物的食料中，万万不能缺少它。"

生物身上之有蛋白质，是生命的基本力量，犹国难声中之有救国学生运动，是挽救民族的基本力量啊。

学生是国家的蛋白质。

旧年过去新年来，有钱的人家，吃的总是大鸡大肉，没钱的人家，吃的总是青菜豆腐，有的穷苦的人家到了过年的时候，也勉强或借或当，凑出一点钱来买些不大新鲜的肉皮肉胚，尝尝肉味。有的更穷苦的，战战栗栗地，披着破棉袄，沿街讨饭也可以讨得一些肉渣菜底。顶苦的是苦了那些吃草根树叶的灾民，在这冰天雪地的季节，草根也掘不动，树叶也凋零枯黄尽了。吃敌兵的炮弹，只有一刹那间的热血狂流，一死而休。

真是,我们这些受冻饿压迫的活罪,不啻早已宣判了死刑,恨不得都冲到前线去,和陷我们堕入这人间地狱,比猛兽恶菌还凶狠的帝国主义者肉搏。

肉搏是靠着徒手空拳,靠着肉的抗争力量啊!这也靠着肉里面含有丰富坚实的蛋白质啊。然而经常吃肉的人,虽多是面团团体胖胖,却不一定就精神百倍,气力十足。这是因为他们太舒服了,蛋白质没有完全运用,失去了均衡了。

至于青菜豆腐,草根树叶,虽很微贱,贵人们都看不起,却也有十分的力量,也含有不少的蛋白质。这些植物的蛋白质,吞到人的肚子里,不大容易消化,没有猪肉鸡肉那样好消化。然而劳苦大众吃了它们,多能尽量地消化运用,丝毫都没有浪费,一滴一粒都变成血汗,和种种有力的细胞,只恐不够,哪怕吃太饱了。

蛋白质,不问是动物的,或是植物的,吃到了肚子里,经过了胃汁的消化,分解成为各种“氨基酸”。“氨基酸”又是一个新异的名词。它是合“阿摩尼亚”的“阿”和“有机酸”的“酸”而成。我们大众只需认它是一种较简单的“有机氮化物”就罢了。

这些“氨基酸”就是蛋白质的代表,就渐渐地由小肠、大肠的圆壁上,为血液所吸收。所以过了大小肠之后,大多数的蛋白质都渐渐地不见了,以致屎里面所含“氮”的总量,总没有吃进去的东西那么多。

胃,就像是蛋白质的学校,我们吃进去的鱼肉鸡鸭、青菜豆腐,都在那里受胃汁的训练与淘汰,被血液吸收之后,便是蛋白质毕了业,被引到社会中服务去了。

进了血液，到了社会以后，是怎样发展，怎样转变呢？那便是我们目前所要追问的问题——“新陈代谢”。

“新陈代谢”是“营养”的别名，是食料由胃肠到了血液之后，直至排泄出体外为止，这一大段过程中的种种演变。

“新陈代谢”因不限于蛋白质，营养的要素，还有碳水化合物，脂肪、维生素、水、无机盐等。这些要素，一件也不能缺少，缺少一件就要发生毛病。然而，蛋白质却是它们当中的最实在、最中坚的分子。

蛋白质有什么资格，什么力量，配称作食物中的中坚分子呢？

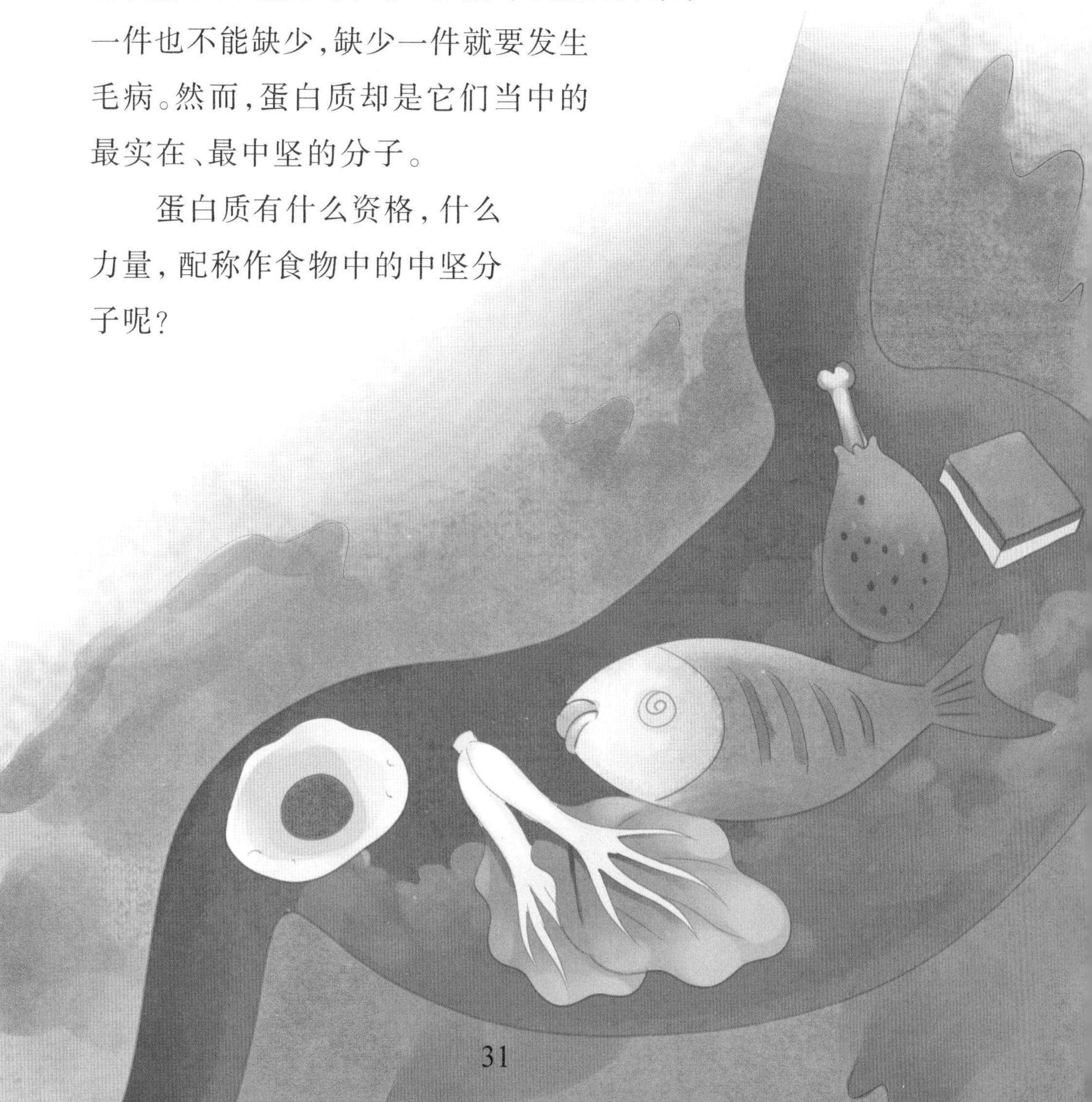

这是因为它在营养中，在新陈代谢中，负有三种伟大的使命。

蛋白质化为氨基酸，进了肠的血流，都在肝里面会齐，然后向血液的总流出发，由红血球分送至全身各细胞、各组织、各器官。

在这些细胞、组织、器官里面，那氨基酸经过生理的综合，又变成新蛋白质。人身的细胞、组织、器官，时时刻刻都在变化、更换，旧的下野，新的上台，而这些新蛋白质，便是补充、复兴旧生命的新机构。

被吸进了血流的氨基酸，种种色色，里面的分子，很是复杂。有的颇是精明能干，自强不息，立为细胞所起用；有的迟钝笨拙，或过于腐化，为细胞所不愿收。在这一点看去，据生理学者的实验，植物的蛋白质，不如动物的蛋白质容易为人身细胞所吸用。这理论如果属实，又苦了我们没得肉吃的大众了。

据说，牛肉汁的蛋白质，最丰最好，牛奶次之，鱼又次之，蟹肉、豆、麦粉、米饭依次递降，一个不如一个了。

那些不为细胞组织等所吸用，没有收作生命的新机构的氨基酸，做什么去了？我们吃多了蛋白质，那过剩的蛋白质，有什么出路呢？

那它们的大部，就都变成生命的活动力，变成和碳水化合物及脂肪一样，也会发热，也会生力。氨基酸又分解了，那“阿”的部分，变成为“阿摩尼亚”，又变成了“尿素”，顺着尿道出去了。那“有机酸”的部分，受了氧化，以供给生命的新活动力。

这生命的新动力，便是蛋白质的第二种使命。

食物蛋白质的第三种使命，就是储存起来，以备非常时的急用。在这一点，它们是生命的准备库，是生存竞争的后备军。这一定要等到生命的新机构完成，活动力充足以后，才有这一部分多余的分子。

我们平日每顿饭都吃得饱饱的，尤其是常吃滋补品的人，身上自然就留下许多没有事干的，失业的蛋白质。它们都东漂西泊，散在人身的流液或组织里面，没有一点生气。但，一到了危难的时候，一到那人挨饿，挨了好几天的饿，肚子里蛋白质宣告破产，血液没有收入，于是各组织都急忙调动，收容这些储存的蛋白质来补充，于是这些失业的蛋白质，都应召而往，活跃起来了。所以平常吃得好，蛋白质有雄厚的准备，一旦事起，虽绝食几天，不要紧。

在新陈代谢中，蛋白质是生命的新机构，生命的新动力，生命的准备库，可见……

学生，在民族解放运动声中，也负有这三种重大的使命。学生是国家的新蛋白质。敬祝：

学生运动成功！

民主的纤毛细胞

为了要写一篇科学小品，我的大脑就召集全身细胞代表在大脑细胞的会议厅里面,开了一次紧急会议,商讨应付办法。纤毛细胞和肌肉细胞的代表联名提出了一个书面建议,在那建议书上,他们提出了一个题目,就是:“纤毛细胞和肌肉细胞”,他们的理由是:纤毛和肌肉都是人身劳动的主要工具,都是生命的最活泼的机器,应该向广大中国人民作一番普遍的宣传。

我的大脑细胞就说:“本细胞不是生理学专家，虽然也曾在医科大学的生理学讲堂里听过课，并且曾在生理学的实验室里跑来跑去过，但这是很久以前的事了。因此对于生理学的记忆是十分模糊的。”经过大家讨论之后,就决定在大脑的记忆区里面选出几位代表,会同视觉和听觉的代表,坐回忆号的轮船到微生物的世界里去访问微生物界的几个特殊的细胞,征求他们的意见。

首先,他们去访问的是细菌国里的球菌先生。

球菌先生正坐在显微镜底下的玻璃片上面的一滴水里面。它,一丝不挂的光溜溜的细胞,坐在那里,动也不动,就对我的大脑细胞代表团说:“这题目我对它一点印象都没有,因为我本身的细胞膜上面一根毛也没有，当我出现在地球上的空气中和土壤里面的时候,生物的伸缩运动还没有开始,因此,我对于这个问题是没有什么意见的。”

在另外一张玻璃片上,他们又去访问了杆菌先生的家庭。

杆菌先生的家里人口众多,形形色色,无奇不有。有的细胞肚里藏着一颗十分坚实的芽孢,有的细胞身上披着一层油腻的脂肪衣服。最后我的大脑细胞代表团发现一群杆菌在水里游泳,露出一根一根胡须似的长毛。

他们就上前对这些有毛的杆菌说明了来意。

那些杆菌就说:“我们细胞身上虽然长出不少的毛,它们的科学名词却是鞭毛,我们都是鞭毛细菌,纤毛细胞还是我们的后辈,你们要到动物细胞的世界里面去调查一下,才能明了真相呀。”出了细菌国的边境,有两条水路,一条可以通到原生植物的国界;一条可以直达原生动物的国境。

这原生动物的国土上有四个大都市:第一个大都市是变形虫都市,第二个大都市是鞭毛虫都市,第三个大都市就是纤毛虫都市,还有一个大都市,那是孢子虫都市。

变形虫和孢子虫的细胞身上都没有毛,鞭毛虫的细胞身上只有稀稀疏疏的几根鞭子似的长毛,只有那第三个大都市的居民才个个细胞身上生长着满身的纤毛,它们才是纤毛细胞真正的代表,也就是我的大脑细胞代表团所要访问的对象。

于是,他们就到纤毛细胞的都市里去采访这一篇科学小品的材料。

他们走进城里,看见那些细胞民众都在舞动着它们的纤毛,有的在走路,有的在吸取食物,有的在呼吸新鲜的空气。他们看见它们那些纤毛摇动的形式各有不同,有的是钩来钩去的,有的是摇摇摆摆的,有的像大海中的波浪,有的像漏斗,但是它们的劳动都是许多纤毛集合在一起的,它们是有统一

运动方向的。

当时,它们的发言人对我的大脑细胞代表团说:

“我们这一群纤毛细胞,世世代代都是住宿在这样的水面,有时也曾到其他动物身上去旅行,你们人类的大小肠就是我们的富丽堂皇的旅馆,而我们的国家则是这水界天下。

当我们出外游行的时候,我们常看到许多动物体内都有和我们一模一样的纤毛细胞。

你瞧,就是在你们人类的身体上,就有许多地方生长着和我们同样的纤毛细胞。

像在你们的鼻房里,你们的咽喉管里,你们的气管道上,你们的支气管道上,你们的泪管道上,你们的泪房里,你们的生殖道上,你们的尿道上,你们的输卵管道上,你们的输精管道上. 甚至你们的耳道上,甚至你们的脑房里和脊髓道上,都有纤毛细胞在守卫着,像守卫着国土一样。”

它们的工作是输送外物出境,从卵巢到子宫,卵的输送和从子宫到输卵管,精虫的护送,也是它们的责任呀。

它们这些纤毛细胞身上的纤毛,虽然非常的渺小,但是由于它们的劳动是集体的合作,由于它们的方向是一致的,所以它们能够肩负起很重的担子,根据某生理学家的估计,在每平方分米的面积上面,它们能够举起336克重的东西。

这些纤毛细胞们还有一个最大的特色,那就是它们都是人体上的自由人民,它们的劳动是自立的,不受大脑的指挥,不受神经的管制。就是把它们和人体分离出来,它们还能够暂时维持它们纤毛的活动。

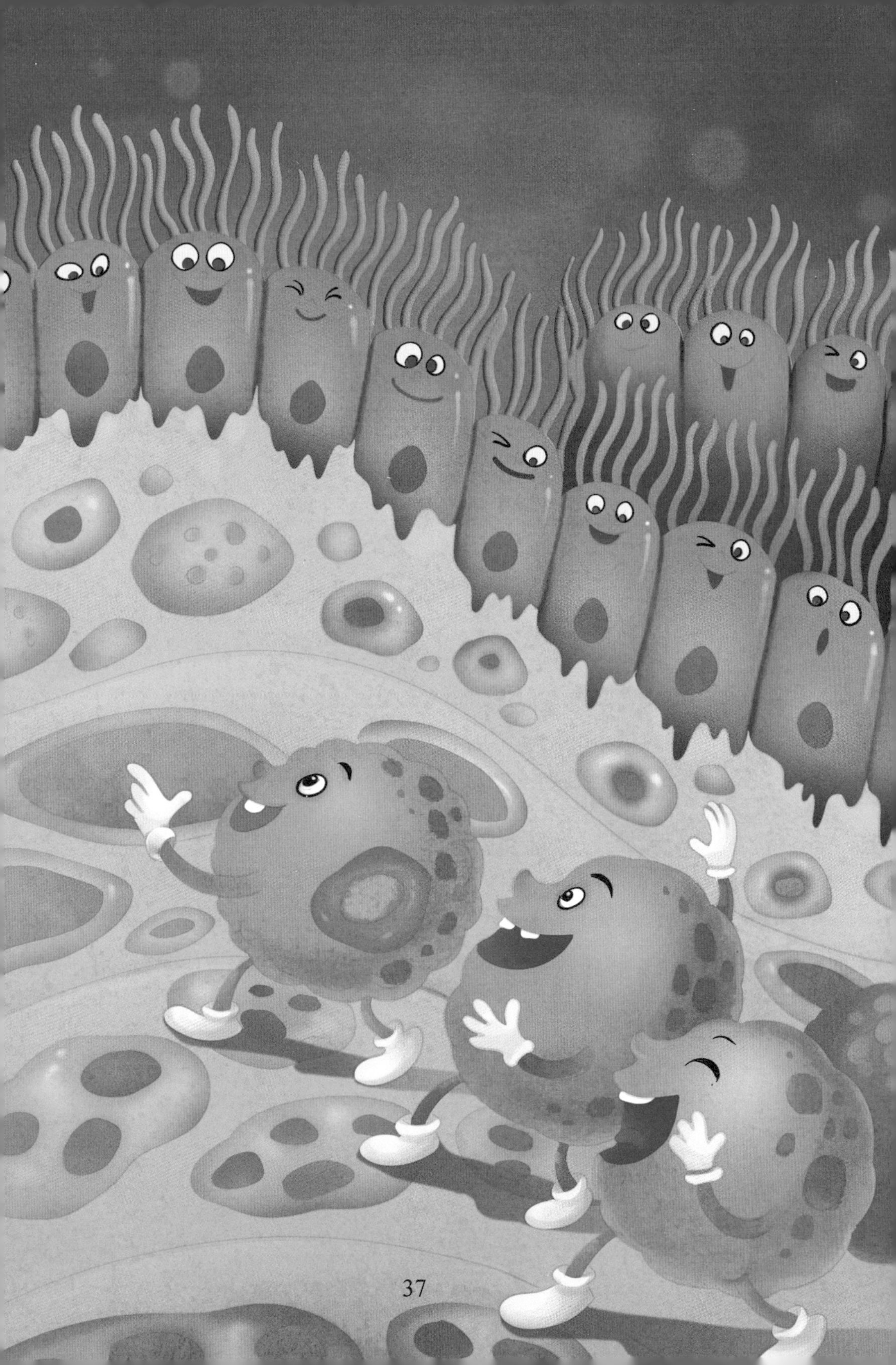

但是好像处在反动统治时期高物价的压迫下，人民受尽了饥饿的苦难，这些纤毛细胞在高温度的压迫下，它们的纤毛也会变得僵硬而失去了作用。

正如在反动统治的环境里面，许多人民不能生活下去，这些纤毛细胞在强酸性的环境里面，也不能生存下去。

我的大脑细胞代表团听完了这段话，就决定写一篇关于纤毛细胞的报告，并且把它的题目定作："民主的纤毛细胞"。

纸的故事

我们的名字叫作"纤维"，我们生长在植物身上。地球上所有的木材、竹片、棉、麻、稻草、麦秆和芦苇都是我们的家。

我们有很多的用处，其中最大的一个用处，就是我们能造纸。

这个秘密在1800多年以前，就被中国的古人知道了，这是中国古代的伟大发明之一。

在这以前，人们记载文字，有的是刻在石头上，有的是刻在竹简上，有的是刻在木片上，有的是刻在龟甲和兽骨上，有的是铸刻在钟鼎彝器上。这些做法，都是很笨的呀！

到了东汉时代（公元105年），就有一位聪明的人，名叫蔡伦的，他聚集了那时候劳动人民的丰富经验，发明了造纸的方法。用纸来记载文字就便当多了。

蔡伦用树皮、麻头、破布和渔网做原料，这些原料里面都有我们存在。他把这些原料放在石臼里舂烂，再和上水就变成了浆。他又用丝线织成网，用竹竿做成筐，做成造纸的模型。他把浆倒在模型里，不断地摇动，使得那些原料变成了一张席，等水都从网里逃光了，就变成了一张纸，再小心地把它拉下，铺在板上，放在太阳光下晒干，或者把它焙干，就变成了干的纸张。这就是中国手工造纸的老方法。

纸在中国发明以后，又过了1000多年，才由阿拉伯人把它带到欧洲各国去旅行。它到过西西里、西班牙、叙利亚、意大利、德意志和俄罗斯，差不多游遍了全世界。造纸的原料沿路都有改变。

普通造纸的方法，都是用木材或破布等做原料。在这些原料里面，都少不了我们，我们是造纸的主要分子。拿一根折断的火柴，再从破布里抽出一根纱，放在放大镜下面看一看，你就可以看出火柴和纱都是我们组织成的。纸就是由我们造成的。你只要撕一片纸，在光亮处细看那毛边，就很容易看出我们的形状。

我们现在讲一个破布变纸的故事，给你们听好吗？这是我们在破布身上亲身经历的事。

有一天，破布被房东太太抛弃了。不久它就被收买烂东西的人捡走，和别的破布一起被送到工厂里去。

在工厂里，他们先拿破布来蒸，杀死我们身上的细菌，去掉我们身上的灰尘。工厂里有一种特别的机器，专用来打灰尘的，一天可以弄干净几千磅的破布。随后他们把这干净的破布放在撕布机里，撕得粉碎。为了要把我们身上一切的杂质去掉，他们就把这些布屑放在一个大锅里，和着化学药品一起煮，于是我们被煮烂了。他们又用特别的机器把我们打成浆。他们还有一部大机器，是由许多小机器构成的。纸浆由这一头进去，制成的纸由那一头出来。我们先走进沙箱里，是一个有粗筛底的箱子，哎呀！我们跌了一跤，我们身上的沙，都沉到底下去了。于是我们流进过滤器——是一个有孔的鼓筒，不断地摇动，我们身上的结合团块都留在鼓筒里。于是我们变成了清洁的浆，从孔里漏出来，流到一个网上。最后，我们由网送至布条上，把我们带到一套滚子中间，有些滚子把我们里面的水挤压掉，另有些有热蒸气的滚子，把我们完全烤干。最后我们就变成了一片美丽而大方的纸张。这就是机器造纸的方法。

这样，我们从破布或其他废料出身，经过科学的改造，变成了有用的纸张，变成了文化阵线上的战士。

漫谈粗粮和细粮

在一次营养座谈会上，我们讨论粗粮和细粮的问题，在座的有好多位伙食委员、经济专家、营养专家等。现在我把我们座谈的内容总结如下：

首先，我们谈到主食和副食的关系。

我们的伙食都是以粮食为主的，所有的粮食，如米饭、馒头、窝头、烙饼等，都是主食。所有的小菜，如青菜、豆腐、鱼、虾、肉、蛋以及水果等，都是副食。

我国广大人民过去由于生活困难，在伙食方面养成了一种习惯，就是只注意主食而不注意副食，只注意吃饭而不注意吃菜，人们把大部分伙食费都花在主食方面。有许多单位和家庭把百分之八十的伙食费都花在主食方面，只有很少一部分花在副食方面。

到了新中国成立后，因为国民经济状况逐步转好了，大家都富裕了一些，都想吃得好些，可是很多人就不想在副食上多花些钱，而光是想把粗粮换成细粮。有好些学校、机关、团体负责伙食的同志们，也犯了这个毛病，他们把大部分的伙食费买了白米、白面，结果副食费就很少了，不够补偿白米、白面的缺点，使大家不能得到所需要的营养。这样就使得好些人从前在伙食不好的时候还不常患什么营养缺乏病，这时候吃得“好”了，倒反而患病了。

为了满足我们身体对营养的需要，我们应当多增加些副食。白米、白面的绝大部分，在化学上说来，是碳水化合物（白面中还有一部分蛋白质），它所起的作用，主要是供给我们身体的热和能。副食除了有主食的这种作用以外，还供给我们身体所需要的其他营养成分。

但是为了要普遍满足广大人民对副食的需要，我们还必须促使国民经济进一步发展，这里包括发展工业来推动农业的机械化和大量兴修水利工程以及发展畜牧业和渔业。在目前的经济情况下，要改进广大人民的营养条件，除了适当地增加副食以外，还必须在主食方面解决一部分问题。这就是：调剂主食，把主食的种类增多，吃细粮，也吃粗粮。

其次，我们谈到粗粮和细粮的区别。

细粮是指白米、白面，粗粮是指一般杂粮，这里面有：小

米、高粱米、玉米、杂合面、黑面、荞麦面等。

各种谷类的蛋白质成分各不相同,因此,它们的营养价值也不相同。这是因为,蛋白质是由各种不同的氨基酸组成的,一种谷类的蛋白质可能只含有某几种氨基酸,而缺乏其他几种。我们的身体需要各种不同的氨基酸。假使我们平常只吃一种粮食,就使我们的身体得不到充分的、各种不同的氨基酸。因此,粗粮细粮掺和着吃,是有好处的。

从维生素方面来讲,粗粮也有它的优点。我们知道,胡萝卜素是甲种维生素的前身,它在动物的体内能转化成甲种维生素,可是它在细粮里面的含量是太少了,而在小米和玉米里面它的含量就比较多。硫胺素(就是一号乙种维生素)和核黄素(就是二号乙种维生素),都存在于谷皮和谷胚里面,因此它们在粗粮里面的含量也比细粮高。至于说到其他维生素如尼克酸(也叫作烟碱酸)和无机盐如钙质和铁质等,一般也是粗粮比细粮含量高。

第三,我们谈到我们身体所需要的营养成分。

我们身体每天所需要的营养成分,就是碳水化合物、脂肪、蛋白质、无机盐和维生素等,因此,我们每天所吃的食物里面也必须含有它们,一种也不能缺少。

碳水化合物的作用主要是供给我们身体的热和能。

脂肪的作用,除了供给热和能以外,还能保持体温,保护神经系统、肌肉和各种重要器官,使它们不会受到摩擦。

蛋白质是构成我们身体组织的主要材料,它能使我们身体生长新的细胞和修补旧的组织。正在生长中的儿童应该多

无机盐
维生素
蛋白质
脂肪
水化
物

吃含有蛋白质的食物，促使他发育成长。正在恢复期间的病人和产妇，也需要多吃含有蛋白质的食物，来修补被破坏了的组织。

无机盐有很多种，它们的作用都不一样：铁是造血的原料，钙是制骨的器材，磷是大脑、神经、奶汁、骨的建筑用品，碘可以预防甲状腺的肿大，其他如钠、钾、镁等也各有各的用处。

维生素也有许多种（已发现的约有30种，其中有些是有机酸，有些是别种有机化合物），它们是生活机能的激动力，是日常食物中必不可少的物质。吃了充分的维生素，我们的身体才能达到均衡的发展。它们还能加强我们身体的抵抗力，不仅能帮助白血球和抗体抵抗传染病的侵犯，而且还可以预防各种营养不足的病症。

如果我们的身体缺乏了甲种维生素，就会得夜盲病和干眼病。得夜盲病的人一到了傍晚，眼睛就看不清东西了，厉害的就会变成瞎子。得干眼病的人，最初的病症是眼球发干，眼泪少，后来渐渐发炎，出很多的眼屎，再坏下去就会流血流脓，眼球上起白斑，到后来眼球烂坏，眼睛就瞎掉了。

如果我们的身体缺乏硫胺素（一号乙种维生素），起初是胃口不开，精神不振，情绪不佳，易发脾气，消化不良，晚上睡不着觉，心脏跳动没有规律，思想不集中，后来就得了脚气病，两腿瘫软，不能直立行走，这就是干性脚气病。如果心脏受了障碍，影响了血液循环，就有两腿浮肿的现象，这就是湿性脚气病。

如果我们的身体缺乏了核黄素（二号乙种维生素），就会发生口角炎、唇炎、舌炎，或者有阴囊皮炎、颜面皮肤炎等症状。

如果我们的身体缺乏了尼克酸（也是一种乙种维生素），

就会发生神经、皮肤和肠胃系统的各种症状。神经症状严重的人会发呆。皮肤症状最常见的就是癞皮病：皮肤发炎、红肿、发黑变硬、起皱纹、有裂缝。肠胃症状主要是腹泻，拉出的屎像水一样，混杂着未消化的食物，气味难闻得很，有时候一天拉30多次；如果治疗不当，也会引起死亡。

如果我们的身体缺乏了丙种维生素（这种维生素虽然不存在于粮食里面，但也是我们不可缺少的一种营养成分；一切新鲜的蔬菜和水果，如辣椒、番茄、橘子、橙子、柚子、柠檬、白菜、萝卜等里面都有它），骨头容易变质，牙齿容易坏，微血管容易破裂出血，结果就会成为坏血病。

丙种维生素在我们身体里面，可以促进抗体的产生，增加人体对于传染病的抵抗力。

此外，还有丁种、戊种和子种等各种维生素，在这里就不一个一个细讲了。

这样说来，我们的食物里面所含有的各种营养成分，对于我们的身体是非常需要的。可是，这些营养成分，在精白细粮里面的含量不足以满足人体的需要，大多数的粗粮里面才有充足的含量。吃细粮，也吃粗粮，我们身体在这方面的需要就能得到完全满足。这样看来，粗粮细粮都吃的人的身体比单吃细粮的人好，难道还不够明显吗？

第四，我们还指出了粗粮的价钱比细粮贱。

有一位经济专家说："白米白面，不但营养价值不如粗粮，而且价钱反而贵得多。譬如说，一斤小站大米价格是二角一分，一斤白面约合到一角九分，而一斤小米只有一角四分，一斤玉米面只要一角二分。这就是说，买一斤小站大米的钱，够买一斤半小米；买一斤白面的钱，也可以买一斤九两多玉米面。那么，我们为什么不掺和着吃些粗粮，省下钱来多买一些副食品吃呢？”

说到这里，一位有胃病的同志提出了疑问，他说：“粗粮怕不会比细粮容易消化吧？”

营养专家说：“我们必须从影响消化的各种因素来看问题。先要看我们的食物里面所含的粗纤维多不多。任何食物都含有一定分量的粗纤维，粗纤维有刺激肠蠕动的作用。如果食物所含的粗纤维过多了，肠蠕动受了过分的刺激，使食物在比较短的时间内就通过消化器官，以致消化液不能有充分的时间发挥分解食物的作用，便会造成消化不良。但是如果粗纤维含量过少了，也会影响肠蠕动不良，容易引起便秘。因此，食物中有适当含量的粗纤维（每天每人5－10克），那是必需的。有些粗粮如高粱和小米，粗纤维的含量不比细粮高，其他粗粮的粗纤维的含量，除了大麦、莜麦之外，也不至于对消化有什么影响。

容易消化不容易消化要再看怎样煮法。大米煮熟以后是比高粱米和小米煮熟后消化得要快一些，但是如果将大米磨成米粉，再用水来煮，它的消化速度和经过同样处理的高粱粉和小米粉并没有什么区别。

容易消化不容易消化更要看怎样吃法。有许多人吃东西是采取狼吞虎咽的办法，不经过咀嚼，没有发挥唾液的消化作用就吞下去，这样的吃法，不但粗粮不容易消化，就是吃细粮也一样不会消化完全的。此外，每次吃的分量，也会影响到消化的能力。

还有，人体消化器官的功能和饮食习惯也有很大的关系。没有吃粗粮习惯的人，吃了粗粮之后先是不容易消化的，到习惯以后，一样可以很好地消化这些粮食。

最后，有些同志提出粗粮好吃不好吃的问题。

他们说："吃粗粮虽然比吃细粮好，但是粗粮究竟没有细粮好吃呀！"

营养专家说："白米、白面比较粗粮容易做得好吃些，但人们觉得白米、白面好吃，有一部分还是由于老的习惯。这种习惯是可以逐渐改变的，觉得好吃不好吃的标准也是可以逐渐地改变的。况且，粗粮如果能稍稍加以精制调和，也可以使它更适合人们的口味。在粗粮的制作方面，只要能注意多种多样化，时常改变花样，就可以提高人们对粗粮制品的兴趣。把小米面、玉米面和黄豆面三种混合起来吃，不但营养价值能增高，滋味也是很好的。"

我们在主食中吃粗粮以后，就可以将节余下来的伙食费增买一些蔬菜。每人最好每天吃到蔬菜一斤，其中有一半是叶菜，尤其是绿叶菜（绿叶菜含有丰富的胡萝卜素和丙种维生素）。在冬季绿叶菜比较少些，可以多吃豆芽和甜薯，这两种食物都含有很丰富的丙种维生素。其他副食品要看经济条件而定，如果不能吃到鸡蛋和瘦肉、肝类的话，就多吃些黄豆制品，如豆腐等。

此外，在烹饪操作上也还有几点要注意的地方：

（一）维生素大多数都是有机酸，它们都是怕碱的，所以做饭、做菜都不要加碱，免得维生素受到破坏；

（二）丙种维生素和乙种维生素都是容易溶解在水里的，它们又都怕热，所以不要用热水洗菜，应该先洗后切，切好马上下锅。洗米的时候，次数也不要洗得太多，不然会使这些维生素损失掉；

（三）把米或其他食物放在不透气的蒸锅里蒸，不用火焰直接来煮，是一种很好的烹饪方法，蒸汽的压力不但能使食物熟得快，而且食物的营养成分也能够保存下来。

我们的党和毛主席是关心我们每一个人的健康的。我们的伙食，如果按照上面所讲的原则来改善，我们的健康状况一定可以提高，大家将有更充沛的精神和体力投身到祖国的经济建设事业中去。

炼铁的故事

如果没有铁的话，我们的世界会变成什么样子呢？

一切机器的声音都停止了，我们的物质文明就会倒退很多世纪，重新过贫穷、落后、野蛮的生活。

那时候，从最小的螺丝钉到最大的锅炉都不能制造了。

那时候，不但马路上没有汽车，海洋上没有轮船，天空中没有飞机，也没有高楼大厦、厂房、码头、仓库、铁路和桥梁。

就是手工业工人，也没有斧头、铁锤和锯子；农民也没有锄头和镰刀。一切劳动的工具，都只好用木头、石头和青铜制造了。

铁能使我们生活得更美满、更文明，我们离不开它。

我们伟大的祖先，很早就发明了用铁作工具。不过，在那时候用土法采矿、炼铁，出产很少，质量也不好。

大约到了公元1400年的时候，才出现了规模较大的鼓风炉。从那时起，炼铁工人把他们不断地在劳动中所积累下来的经验和科学成果相结合，才创造出现代化大规模的炼铁法。现在世界上已经有了新式鼓风炉，每24小时内可以产好几百吨铁。而且从采矿到炼铁的全部过程，也都机械化了。

你们如果到矿山上去看，就可以看见采矿工人正在用炸药把红褐色的铁矿石炸得粉碎，白天夜晚都可以听见轰隆隆的响声，像不断地在放炮。

你们又可以看见，在矿山的斜坡上，许多架铲矿石的机器，像坦克车一样地在走动着。它的前面伸出了一只长长的钢臂，钢臂头上挂了个有齿的大铲斗。管理机器的工人扳动把手，操纵着大铲斗，把成堆的矿石轻便地装进一列列的车皮里，让火车把矿石运到炼铁厂去。

到炼铁厂去的路上，你们远远地就望见有一排烟囱，像哨兵似的站立着。

你们走进工厂，就看见红褐色的矿石，堆满在广场上。

先走过炼焦炉旁，这是一个庞大的建筑物。你们又会看见焦炭从炉子里排出来，还在燃烧中就被吊车运走。

接着你们就会看到那更有趣的部分了——鼓风炉。

这家伙像一座高塔，约有10层楼房那样高，肚子外层包着很厚的钢板，钢板里面砌着很厚的一层耐火砖，在它的身上还绕满了很多细细的管子，不停地流着水。

你们如果早来几个钟头的话，还可以看见小车一辆接着一辆地载着矿石、石灰石和焦炭，由升降机一直送到炉子顶上，把它们统统倒进鼓风炉里去，直到装满为止。

这时候，燃烧焦炭所必需的空气，由鼓风机经过送风管送进热风炉，空气在热风炉里变成温度很高的热空气，再送到炼铁炉里去。

鼓风炉里热得要命，矿石开始熔化，像火山的内部一样，沸腾着火一般的熔岩。

现在时候到了，工人把鼓风炉底上的小门挖开，于是通红的铁水汹涌地奔流出来，火花四面散开。这就是炼好的生铁了。

火红的铁水滚滚地从鼓风炉里流出来，沿着地上的小沟，流到巨大的桶里。桶是那样沉重，都是用车子或者桥式吊车来把它运到炼钢炉或铸造厂去的。

炼钢炉和鼓风炉外形虽然不一样，但里面的构造也差不多。在炼钢炉里，可以把铁里的杂质去掉，使它含很少量的碳。生铁的含碳量在1.7%以上，假若碳的分量减少到0.3%至1.6%，就变成了钢。

这样从炼钢炉里炼出来的，就是有光亮的、有弹性的钢。钢可以制成刀子、锯子、斧头、钢轨、钢梁、车床……

炼铁炼得又好又省又快，机器的声音就会更加热闹起来，我国社会主义工业化，也就能早日实现。

谈眼镜

眼镜是玻璃国的公民。很久以来，它就为人类的视力服务。一切近视眼和远视眼的人，都离不开它。没有它，他们就要失去工作能力，不能看书和写字了。

在眼镜未发明以前，古代的学者，常常因为年老眼花而诉苦。

世界上第一片眼镜——单眼镜，是用绿宝石制造的。公元1世纪时，有一位近视眼的罗马皇帝曾用过它，闭上一只眼睛，来观看剑客们的决斗。

这位皇帝死后1300年，才有真正的眼镜出现。

这真正的眼镜，是用玻璃水晶造成的。

玻璃水晶和天然水晶一样，是纯洁而透明的物体。但它比天然水晶容易熔化，也容易接受各种加工：吹制、琢磨和雕刻。

有了眼镜以后，人们还不知道怎样戴它才好，有的人把它缝在帽子上头，有的人把它装在铁圈里面，有的人把它镶在皮带上面。

又过了二三百年的时光，这个问题总算解决了。

这是16世纪的事。

那时候，人们购买眼镜，都到眼镜铺子里去自由选择，并没有经过眼科大夫的检查。

为什么戴眼镜会帮助视力呢？人们还不明白。

首先揭穿这个秘密的人，是德国的天文学家开普勒，他告诉我们，不论是人或是动物，眼睛里面都有一种两面凸起的水晶体。

远视眼的人，这水晶体凸起不够，光线收集不足，因而眼睛看东西都是模糊不清的。所以要给它加上一个两面凸起的玻璃水晶，才能补救这种缺陷。

近视眼的人，恰恰相反，他的水晶体过分凸起，光线过分集中，所以要给它戴上两面凹下去的镜片。

科学的进步日新月异，眼镜的构造也越来越精巧。

今天，已有这样一种眼镜：它没有镜框子，也不用架在鼻梁上，实际上它是镶装在眼皮下面、紧贴着眼球的一种镜片。如果你看戴这种眼镜的人，是不会看得出来的。

眼镜的科学，是真正为人类谋福利的科学。

在眼镜的大家庭里，还有望远镜、显微镜、照相机、电影机等。有的扩大和增强人类的视力，有的把人物、风景、故事情节都反映出来，给人们看。它们对人类都立过功勋，但它们不在本文范围之内，恕我不多谈了。

“天石”

古时候，埃及人把铁叫作“天石”。在他们建造金字塔的时候，已经用过铁了。

那时候，铁和金子一样，很不容易找，他们所有的铁，大约有一部分是来自天上掉下来的陨石。

阿拉伯人也有这种传说。他们说：“铁是出产在天上的，天把金雨降落在沙漠上，金子变成了银子，银子又变成了黑色的铁。”这是铁的小小故事。

天文学家在观测天体的时候也告诉我们：一切天体都含有铁。在它们的光谱线上，随时都可以看到铁原子所发出的光。在太阳的表面，也时常看到铁原子在奔流。每年都有不少铁原子向地球身上降落，这就是陨石的来源。

但是，长久以来，铁得不到普遍的应用，因为从天上掉下来的陨石，毕竟很少。

科学家又告诉我们：地壳的本身，就含有4.5%的铁；地壳所含的金属元素中，除了铝以外，铁要算是最多的了。

人们学会从铁矿石里炼出铁来，是公元前的事。最初，他们用铁制成了犁、锄、铲、斧等工具。这是铁器时代的开始。

又过了好多世纪，直到19世纪以后，铁才从小规模的熔铁炉里搬出来，到大规模的高炉里去生产。于是，我们才有了现代化的钢铁工业。

从小螺丝钉到大型机器，从刀剑到大炮坦克，都需要铁。

铁是我们制造生产工具和国防武器的重要原料。

铁，不但在工业上是这样重要，它与生物界的关系也很密切。

据说，有些铁矿的形成，和微生物有关。当雨水把大量的铁从各种岩石里冲洗到湖沼里的时候，湖沼里有一种叫作铁菌的细菌就活跃起来，它们以铁为滋养。由于铁菌繁殖的结果，铁就变成豌豆般大小，或者更大的块粒，沉积下来，时间久了，就形成了铁矿。

铁和生物的关系，还不止这一点。

如果得不到铁的滋养，全生物界都要发生恐慌：植物的花就要褪色，失去香味，叶子也要枯萎起来，人和动物也要贫血。

有了铁，才有叶绿素，靠着它，植物才能吸收阳光，把二氧化碳和水制成淀粉，放出氧气。

有了铁，动物的生命才有保证。在脊椎动物的血液里，铁是红血球里的血色素的主要成分。在无脊椎动物的组织里，也少不了它。

铁，真是一种奇妙的“天石”。

电的眼睛

光的运动是一种波动，电的运动也是一种波动。

能不能把光波变成电波呢？

俄国物理学家斯托列托夫说：能。他制成了第一个光电管。

在光电管里，进行着光电的变化：光变成了电。

这是自然界里一种奇妙的现象，这是科学上一个伟大的发现。

利用光电变化的原理，科学家发明了电视。于是人们又多了一双眼睛——电的眼睛，这是现代人的千里眼。

最初的电视，是用机械的方法来传送的，这种方法传送出来的画面不大精致。这是1930年以前的事。后来，俄国科学家罗秦格发明了电子电视，利用电子流来传送形象。从此，电视事业才得到真正的发展。

电视的发明，使我们坐在家里，只需拨动一下电视机的开关，不但能听到各种讲演者、演奏者和歌唱者的声音，而且也能看见他们的动作。可以这样说：电视把讲演会、话剧、音乐会……搬到我们的家里来了。它丰富了我们的文娱节目，提高了我们的文化生活。

现在让我简单地介绍一下电子电视的原理。

发送电视的主要设备，是一个长颈的玻璃真空管，叫作“摄像管”。这是1931年苏联科学家卡塔耶夫首先发明的。在它的宽广底部，有一块薄云母板叫作“镶嵌板”，上面涂满了细小的银粒，多到几百万颗，每一颗银粒就是一个小光电管。“镶嵌板”的反面是一层薄薄的金属片。

“摄像管”的外面，安装着一块照相机用的镜头，人物风景通过这个镜头，它们的光亮射在镶嵌板上，使银粒起了光电变化，光变成了电。（不同的银粒，接收了不同的光亮，就放出不同量的电子，同时使它本身带上了不同量的阳电荷。）

在摄像管的颈端，有一具“电子枪”。电子枪是金属丝绕成的，在通电烧热的时候，它会发出电子流，向镶嵌板射去，让它逐一扫过镶嵌板上的银粒。银粒从电子流得了电了，它上面的阳电荷立即消失，而镶嵌板后面的金属片上的阴电荷也跟着逐步减少。这样产生的电子流经过电子管放大器，就产生了“电信号”。

人物风景的各部分，所反射出来的光线，明暗不同，银粒上所接收的光亮，也深浅各异，因而所产生的电信号也有强有弱。这些电信号叫作形象信号，它们和播音机所发出的声音信号联合在一起，变成了无线电波，由发射机从天线中发射出去。

收听和观看电视节目的人们，通过电视机的天线，从空中收到了这些无线电波。

关于收音部分，我们按下不表，单说形象部分：

接收形象的主要设备，叫作“电视管”，它也是一根长颈真空玻璃管，在它的颈部也有一具电子枪，能发射出电子流，不过，在它那宽广的底部，却是一块玻璃“荧光屏”。当电视管里的电子枪发出电子流的时候，就会把这些强弱的信号反映在

荧光屏上，这样和原来一样明暗的人物风景，就会出现在观众的眼前了。

电子流的运动非常迅速，每秒钟可以发送出25幅画面，这样就能保证观众不但看到人物的形象，而且看到他们的动作，和在现场观看一样。

发送电视，需要建立电视中心。电视中心是发送电视的司令台。苏联1938年就在莫斯科和列宁格勒建立了电视中心。

发送电视，需要用超短波（波长1—10米的无线电波），但是超短波不能传送很远，最远不超过几十公里，所以我们得用电缆来传送，同时，在各个城市建立地方的电视中心。现在苏联正计划在更多的城市建立新的电视中心。我国也要在第二个五年计划开始的时候，建立电视中心。

电视事业有着远大的前途，它的发展是未可限量的。苏联科学家正在研究五彩电视、立体电视和电视电影。将来还可以采用飞艇或飞机来传送电视，使它传送得更远。

在今天，电视已经直接参加了人类的生活，它扩大了人们的眼界。有了电视，飞行员可以不怕遇着云雾而迷失方向，利用红外线电视，仍能看到地面上的情况，飞机可以安全降落。有了电视，潜水员们可以坐在船舱里，不必下水就能观察到海底的一切景象。有了电视，工人们坐在操纵室里，就能看到锅炉内部变化的详细经过，就能指挥机器大军前进。有了电视，实习大夫们可以不用到手术室里去，就能清楚地看到施行手术的全部过程。

电视可以显微。我们可以利用紫外线“摄像管”把微生物

活动的现象传送到小银幕上，使人们能看见普通显微镜所看不见的东西。

电视也可以望远。我们可以把电视摄影机装在火箭上，向月球或火星射出去，人们就可以从小银幕上看到月球或火星上的情景。

总有一天,只要你拨动几下电视机的号码盘,就不但可以和亲友谈话,而且还可以望见他的容貌。

电视的好处,真是说不完。

最近,我国第一电子管厂,在北京正式开始生产了,这为我国电视事业的兴起，提供了有利的条件。我们全国人民都将以欢欣鼓舞的心情,来迎接电视事业在中国的诞生,并且要在各方面积极工作,使我国的电视事业在不太长的时间内,迎头赶上国际先进水平。

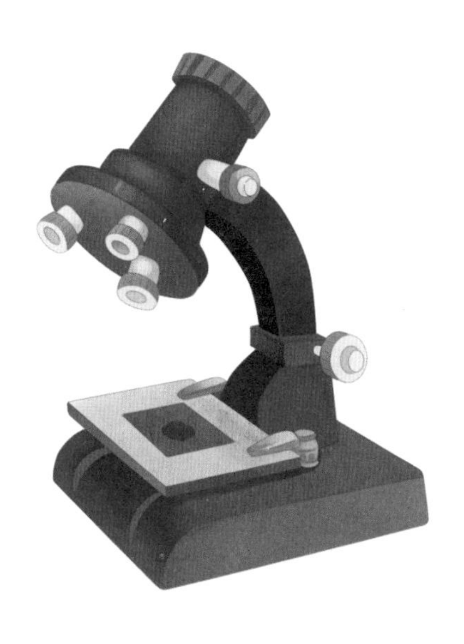

镜子的故事

报载：1956年12月在日本本州中部冈山市的一个古墓里发现了13面中国古代铜镜，估计有1800多年的历史。

这些古镜呈圆形，有花纹，都是用青铜制成的。

青铜镜是镜子的祖先，它的发现一向为考古学家所珍视。

考古学家在100多年以前，就在埃及一座坟墓里找到一个有柄的金属圆盘，已经生锈，当时人们不知道这个圆盘作什么用。

有的说，这个圆盘是用来代替扇子的；有的说，它是一种装饰品；又有的说，这是一个烤饼的烤盘。后来经过试验证实，这是一面青铜镜子。

古时候，除了有用青铜制造的镜子以外，还有用银子制造的银镜和用钢制造的钢镜。但是，这些金属镜子一遇到潮湿就会发暗生锈，失去本来面目。为了避免这一点，就不能让它们的表面同空气和水分接触。这就需要用玻璃来制造了。

从金属镜到玻璃镜，镜子走了一段有趣的历史。在人们还没有学会做玻璃以前，是不懂得制造玻璃镜子的。

威尼斯人是制造玻璃的能手，首先发明制造玻璃镜子的也是他们。他们的制法是把水银和锡的合金跟玻璃粘在一起。他们一直保守着这个秘密。于是，欧洲的王公贵族、阔佬名人都到威尼斯去订购镜子。

法国有个王后叫作马利·得·美第栖斯，在她结婚的时候，

威尼斯共和国曾献给她一面玻璃镜子作为礼物，这面镜子虽然小得很，据说它的价钱却值15万法郎哩。王后很爱它。

爱好镜子竟成了一种风气；镜子变成一种显耀的东西。当时的贵族都争先恐后地宁愿什么都不买，却一定要买一面玲珑的镜子。

从此，法国的金钱都流到威尼斯去了。为了挽回这种利益，法国驻威尼斯大使奉到密令，叫他收买两三名做镜子的技师，把他们偷偷地运到法国去。

不久之后，在法国诺曼底地方也建立了一座制造玻璃镜子的工厂。法国爱买镜子的人更多起来了。

有钱的人都想给自己家里弄到一面镜子。人们开始用镜子装饰床铺、餐桌、椅子和橱柜，甚至于在礼服上也缝上小镜子片，使跳舞的时候镜片在灯光照耀之下闪闪烁烁地发光。这真是美丽呀！

镜子的需求一年比一年增加，但是它的质量还很低劣，玻璃表面不平，照出来的嘴脸歪曲不正，而且镜子都很小，不能照全身。于是人们渴望着有大玻璃镜的出现。制造大玻璃镜之功，是属于法国人的。但是，制造大玻璃镜就需要用大玻璃板，而把玻璃板磨平和磨光是一件十分细致和沉重的工作，这种工作既吃力又费时间，于是大玻璃镜的价钱就非常昂贵了。

幸而在今天，人们已经发明一种用机器磨玻璃的方法，而且还能使这种方法自动化。这样就使镜子的价格大跌，一般平民也都买得起。

玻璃镜子的制法越来越完善，它的用途也越来越广。

人们已经不再用水银和锡的合金了,而是在玻璃板上涂了一层薄的银子,在它的上面又涂上一层漆来保护这层银子。这样制成的镜子,照出来的影子非常清楚。

现在人们已经能造出一种新式玻璃,一面看去是镜子,一面看去是透明的玻璃。

把这种玻璃装在汽车上,就使你能浏览窗外的风光人物,而过路的人却不能望见你,只能看见他自己。

科学技术的进步真令人兴奋。

摩　擦

摩擦是一种自然现象,哪儿有运动,哪儿就会发生摩擦,这是用不着什么大惊小怪的。

在远古的时候,我们的祖先发明了钻木取火的方法,就是利用摩擦的原理。现在,我们天天都要擦火柴,擦火柴就是一种摩擦的作用呀!

在正常的情况下,摩擦现象对于机器的活动是有帮助的,没有它,马达上的皮带就不会转动,车轮就不会向前滚动,一切装在机器上的零件都要松散,各种东西都要滑来滑去站不住脚。这样看来,摩擦是很需要的了。

然而,我们的机器往往因为摩擦过多而损坏。在这种情况下,摩擦就变成机器的敌人了。

一般说来,物体的表面越粗糙、越不平,它们之间所发生的摩擦越大;反之,物体的表面越光滑、越平坦,它们之间所发生的摩擦越小,这似乎是没有疑问的了。

但是,在这里不要过分地信赖你的眼睛。你的眼睛看着十分光滑的东西,如果把它们放在显微镜下仔细观察,仍然会现出许多皱纹,像山地一样高低不平;当它们碰在一起的时候,摩擦的作用仍然在进行。

也有这样的情形:物体的表面很光滑,摩擦的作用反而厉害。这是因为:两个物体之间接触的面很广,距离又极近,物体的分子和分子之间互相吸引,因而产生了阻力,阻碍了物体的运动。像这样的摩擦,就叫作滑动摩擦。

在滑动摩擦的时候,一开始要费很大的力气才能战胜阻力,后来滑动得越快,就越省力气了。这是因为:上面的物体还没有来得及落下去,就被向前推动了。但是,如果物体的重量增加,摩擦的作用也就会加大。所以沉重的东西,容易磨损。

另外有一种摩擦,叫作滚动摩擦,滚动摩擦比滑动摩擦省力。大家知道,滚一根木头比拖一根木头容易,这是因为:在滑动的时候,物体表面凸凹不平的部分,嵌得很紧,硬要把它平拖过去,当然要花很大力气。在滚动的时候,物体不停地转动,所以比较省力,也不容易磨损。

为了减少磨损,很久以来,人们就和摩擦进行了斗争。人们剥光大树的皮,削平石头的角尖,使它们容易滑动;后来,又利用滚木来搬运东西,这是人类利用滚动摩擦来代替滑动摩擦的开始;接着,就有车轮的产生,为远距离运输创造了有利的条件,人们越来越懂得滚动摩擦的好处;后来又发明了滚珠

轴承和滚柱轴承，这样，又大大地减小了摩擦的坏影响。

为了减少磨损，人们又发明了润滑油，润滑油这东西，涂上了机器之后，也可以消除摩擦的坏影响。但是，直到现在，工程师们所发明的润滑油，都没有人体内部所分泌的“润滑油”那样好。

人体是一架奇妙的机器，他的骨骼的关节表面，都在经常不断地互相摩擦着，为了预防摩擦的有害后果，人体在每一个关节里都会分泌出一种“润滑油”。所以在人的一生中，他的关节不断地工作，不断地摩擦，也不会出毛病。

什么时候我们的机器也能像人体一样完善，可就好了。

热的旅行

天气一天比一天冷了。天气越冷，人们就越需要热。提起热来，就很容易想起太阳、火炉、烧红的铁块、电开水和热汤等等。

热是什么呢？依照科学的说法，热是一种能，就像光、电、原子能、无线电波、食物和燃料一样，都是能。

热是从哪里来的呢？太阳是热的最大源泉，它不断地向宇宙空间放射出它的热。

这种热射到地球表面的只占它所发出的总热量的二万万分之一，这一点热量，已经相当于每秒钟烧60万吨煤所产生的热。如果全地球的表面都结成200米厚的冰层，太阳所射到地面上的热量，也足够把它全部融化。

太阳是热的总司令，它指挥着热和寒冷作战。热还有大大小小的指挥官，火就是其中的一种。火是一种燃烧的现象，我们到处都可以见到它：在木炭盆里，在煤火炉里，在煤气炉里，在煤油灯上，在高炉里，在大大小小用火的场合。

电也是一名发热的指挥官，电流通过铜线，铜线就会发红、发热。电灯、电炉、电熨斗都很烫。此外，摩擦、撞击和压缩空气，也都会发热；食物经过消化，燃料经过燃烧，以及原子核的破裂，也都是热的来源。

在日常生活中，我们时刻都可以发现，热不停地在奔走旅行。从太阳怀里跑到地球身上，这是它的一次长征；从火炉里跑到房间的每一个角落，从开水锅底跑到水面，这是它短距离的赛跑。

热是怎样在旅行呢？经过科学家的分析，热的旅行有三种途径，这就是说，有三种方法可以传热。

第一种方法叫作接触传热。

如果你用手来摸烧红的铁板，你就会大声叫“烫”，如果你光着脚在太阳晒热的水泥地上走动，你就会觉得脚底非常发烧。这些都是接触传热的表现。

如果你拿一瓶热水放在冰块上冰，这一瓶热水很快地就变冷了，变成冰水了，这也是接触传热的一个例子——热水接触到冰块而失去它的热。

在接触传热中，热的旅行，都是从热的物体身上跑到冷的物体身上去的，一直到这两种物体之间的温度相等为止。

不论固体、液体和气体，都能接触传热，而以固体传热显

得最为便当。

在固体的行列中，金属的传热最快，是最好的导热体；木头、布、橡皮、纸都不善于传热，都是阻热体，而非导热体。所以炉子和锅子的手柄，都是用木头或橡皮做成的。

不流动的空气也不善于传热，因而在建造房屋的时候，为了御寒和防热，常用两层玻璃窗。

第二种传热的方法，是流动传热。水的流动和空气的流动都可以传热。

把水放在玻璃器皿里加热烧开，我们就会观察到热水上升，冷水下降。这就是水流动传热的表现。

空气动荡而成风，不论大风或是微风，都是热空气和冷空气对流的结果。这就是空气流动传热的表现。

一般现代化的房屋，都开辟有上下两个窗口，以流通空气。让热空气从上面的窗口奔出去，让新鲜的冷空气从下面的窗口流进来。

但是，在人口众多的房间里，例如电影院和大礼堂，这样的装置还不够用，就必须有通风设备，用电扇来鼓动空气，使它尽量地流通。

第三种传热的方法，就是辐射传热（这就是说，向周围放射热气）。每一种发热体，都不断地向四面八方放射出它的热。

辐射传热，是不依靠实物的，就是在真空中也能进行。

太阳的热和光以及其他各种辐射都一直不停地穿过 15000 万公里的真空区域，才达到地球的表面，费时不过 8 分钟。它除了把热传给地球和它所遇到的别的东西以外，并不把任何一点儿热留给真空。

火也是一种发热体，它也是向四面八方放射它的热的。所以在灭火工作中，救火队员不得不戴上面具和穿上保护衣，以避免火焰热气的威胁。

这些都是热的旅行的秘密。当人们掌握了这些秘密之后，在御寒和防热的斗争中，就能取得不断的胜利。

温度和温度计

一种东西，无论是固体、液体和气体，一般说来，遇到热就会膨胀，遇到冷就会收缩，这道理是大家都明白的。温度计的制造，就是利用这个道理。

温度计又叫作寒暑表，它是测量热和冷的武器。

温度是什么呢？它不是一种能，而是热和冷的计算；它不是计算一种东西所含的热量，而是计算热和冷的程度。比如，一块砖和半块砖的温度是相等的，而一块砖所含的热量比半块砖所含的热量多出一倍。

冰的温度，算是很低的了，但是它也含有一定的热量，不过它的热量是微不足道的。

人们对于热和冷的感觉是相对的，如果你把手泡在热水里，再泡在温水里，你就会感觉到温水是冷的。如果你把手泡在冰水里，再泡在温水里，你就会感觉到温水是热的。手不是温度计，它不能正确地测验水的温度。

普通的温度计都是用水银或酒精制造的。制造的方法是拿一根一头吹成小泡泡的玻璃管，把水银或酒精装在这小泡泡里，加热让水银或酒精上升，赶走玻璃管里的空气，封闭管口，等到冷却，水银或酒精就要下降，留下真空。然后再划分度数，温度计就制造成功了。

一般说来，水银是不适合测验冰点以下的温度的，因为它比较容易凝结，所以要测验冰点以下的温度，用酒精温度计较为合适。

相反地，酒精是不适合测验沸点以上的温度的，因为酒精比较容易煮沸，所以要测验沸点以上的温度，用水银温度计较为合适。

怎样划分度数呢？最常用的划分度数的方法是华氏和摄氏两种。

把温度计的下半截浸在冰水里，让水银下降到不能再下降的地方，画一道线，这就是冰点。这在华氏是零上32度，在摄氏是0度。再把温度计的下半截浸在沸水里，让水银上升到不能再上升的地方，画一道线，这就是沸点。这在华氏是212度，在摄氏是100度。在冰点和沸点之间，再划分度数。华氏把这个距离分作180度，摄氏把这个距离分作100度。因为玻璃管容易破碎，所以在工业上所用的温度计都用金属来代替玻璃，尤其是在测验高温的时候。

南极探险家所遭遇到的温度，应当是很冷的了，但还有比这更冷的温度。最冷的温度是绝对零度，这在华氏是零下460度，在摄氏是零下273度。但是一直到现在，科学家还不能达到绝对零度，只能达到比绝对零度还高一点点。

那么在绝对零度之下，物质是什么样的情况呢？还没有人作过肯定的回答。有的人说，在绝对零度之下，生命是不会存在的，就是最坚固的钢，也要变成碎粉，所有的电流，都可以在电线上毫无阻碍地通过。也有人说，在绝对零度之下，任何物质也不存在，只有真正的空间。

绝对零度的研究，对于工业的发展是有极大的帮助的。它将为未来的科学开辟广阔的道路。

从历史的窗口看技术革命

大约在四五十万年以前，我们的祖先北京猿人就开始用火了。不过，他们用的还是野火。

火的发明，是人类征服自然的开端。火不但给黑夜带来了光明，给寒冷带来了温暖；人们还利用它来驱赶野兽，把生肉烤成熟肉吃。这时候，人们还制造了一些粗笨的劳动工具，如石刀、石斧等。这是石器时代。

这之后，人们学会了钻木取火，又逐渐学会了烧制陶器、冶炼金属。于是就有了铜器和铁器的出现。这些石器、铜器和铁器都是极简单的劳动工具，他们要靠双手的力气来和自然做斗争，如打猎、打铁、耕田、锄地、搬东西等。这还谈不上什么技术。

人们不能满足于只靠一双手使用工具和自然斗争。

在寻找劳动助手的时候，他们首先利用了畜力。

大约在2500年前，我国历史上所说的春秋时代，就使用马拉车、牛拉铁犁耕田了。后来又渐渐学会了利用水力和风力。

大约在1600年前，我国历史上所说的东汉末年，就发明了水力机和风力机。当时东方的古国如埃及等，也有了这些东西。水力机和风力机都能带动别的工具和机器工作。

这是技术的萌芽时代。

大约1000多年前，水力机和风力机从东方传到了欧洲，大受欧洲人的欢迎。接下来他们逐步地对水力机和风力机加以改良。

到了18世纪，英国人和俄国人都能制造相当精巧的水力机，并且用它们来转动工厂里的机器。后来，工业技术继续发展，机器的花样越来越多，不能光靠水力和风力来发动了。于是就有人想起了利用蒸汽。

蒸汽的力量非常强大，一锅水沸腾起来，全部变成水蒸气，可以变成1600锅。假如把一锅水关闭在一个密封的器具里，让它变成水蒸气，通过导管进入汽缸，就会冲动汽缸里的活塞，使它来回移动，这样就能带动各种机器工作。这就是蒸汽机。

蒸汽机是在1774年由苏格兰的工人瓦特最后制造成功的。在他以前，曾有许多发明家对于蒸汽机的构造都有过贡献。

俄国的发明家波尔祖诺夫，就在1765年制成第一架完全可以适用工厂生产的蒸汽机。可是，没有引起沙皇政府的重视，不幸被埋没了。

蒸汽机的发明，是大生产时代的开始。从此，工厂林立，铁路纵横，世界面貌为之一新。

但是呀，蒸汽机的锅炉又大又笨重，有些地方用起来很不

方便。

于是又有人在想：能不能把燃料直接放在汽缸里燃烧呢？

他们看到炮弹躺在大炮的胸膛里，点起引线，就会爆炸发射出去，飞得很远很远。

他们就得到了启发。为什么不能把汽缸当作大炮？拿活塞代替炮弹。于是就发明了内燃机。

内燃机不用笨重的煤炭作燃料，而是用煤气或是汽油和柴油所挥发出来的气体。随着内燃机的发明，汽车、飞机、坦克车和拖拉机等也都创造出来了。

内燃机对于人类的贡献不算小。从前用旧式犁需要耕一天的地，现在用拖拉机几分钟就耕好了；从前步行需要10天左右的路程，现在乘飞机个把钟头就可以飞到了。

轮船、火车、汽车、坦克车、拖拉机、飞机等都得用钢铁来制造，所以人们又把我们现在所处的这个时代叫作钢的时代。

电和火一样，早就引起人们的注意了。直到16世纪，人们对于电的现象，才开始有了正确的认识。

1760年，科学家发明了避雷针之后，人们就积极想办法用人工的方法制造电。

有许多科学家，如意大利的加伐尼和伏打、俄国的彼得罗夫、法国的安培等，他们对于电流的研究都有不少的贡献。英国的一个铁匠的儿子叫作法拉第，为研究电流最有成绩的一人，他在1831年，发明了电动机和发电机。

电动机能转动机器，发电机能发出电流。于是电报、电话、电灯、电车等都相继发明了。现在许多地方都有发电站，人们

利用火力、水力、风力和其他一切自然力都可以发电。这比内燃机更方便得多了。

19世纪末，人们又发明了无线电。人们利用无线电波通过空间来传播声音和映像，来远距离控制和操纵机器。

于是无线电报、无线电话、无线电广播、电视和雷达等都陆续出现了。世界科学技术又迈进了一大步。

30多年前，人类又掌握了一种新的巨大的自然力量——原子能，这是原子核分裂的时候所放出的大量的能。它比火力要强大100万倍到1000万倍。1公斤铀块，所释放出来的原子能就等于烧掉二三千吨煤。

如果把原子能用到工农业生产和交通运输上，一定会引起技术上更大的革命。这在苏联已经由幻想变成事实了。这样地，从石器、铜器、铁器到钢；从手工具、半机械化、机械化到自动化；从火的发明到蒸汽机、内燃机、电动机和原子能的出现，技术的发展走过一段漫长的路程，但是人类终于依靠自己的劳动，逐步地提高了物质和文化生活的水平。

最近，人类人造地球卫星发射成功，是人类和自然斗争的又一次空前伟大的胜利。科学技术越来越发达，人类的前途越来越光明。

水的改造

水，在它的漫长旅途中，走过曲折蜿蜒的道路，它和外界环境的关系是错综复杂的，因而水里时常含有各种杂质，杂质越多，水就越污浊，杂质越少，水就越清净。

纯洁毫无杂质的水，在自然界中是没有的，只有人工制造的蒸馏水，才是最纯洁的水。

蒸馏的方法是：把水煮开，让水蒸气通过冷凝管重新变成水，再收留在无菌的瓶罐中，这样，所有的杂质都清除了。蒸馏水在化学上的用途很广，化学家离不开它。在医院里、在药房里、在大轮船上，它也有广泛的应用。

水里面所含的杂质如果混有病菌或病原虫，特别是伤寒、霍乱、痢疾之类的病菌，那就十分危险了。所以没有经过消毒的水，再渴也不要喝。

为了保证居民的饮水卫生，水的检查就成为现代公共卫生的一项重要措施。在大城市里，水每天都要受到化学和细菌学的检验，这是非常必要的。在农村里，井水和泉水最好也能每隔几个月检验一次。

水经过检查以后，还必须进行一系列的清洁处理。我们的水源有时混进粪污和垃圾，这就是危险的根源。

一般来说，上游的水比下游的水干净，井、泉的水比江、河的水干净，雨水又比地面的水干净。

江河的水都是拖泥带沙，十分混浊，所以第一步要先把水

引进蓄水池或水库里聚集起来，让它在那儿停留几个星期到几个月之久，使那些泥沙都沉积到水底，水里的细菌就会大大地减少。

但是，总免不了有一些微小的污浊物沉不下去，这就需要用凝固和过滤的方法，把它们清除掉。

凝固的方法是：把明矾或氨投在水中，所有不沉的杂质都会凝结成胶状的东西被清除出去。

过滤的方法是：强迫污浊的水通过沙滤变成清水。这样做，有90%的细菌都被拦住。至于还有一些漏网的细菌，那就必须进一步想办法加以扑灭。这就是空气澄清法和氯气消毒法。

空气澄清法，就是把水喷到空中，让日光和空气把它澄清。

氯气消毒法，就是用氯气来消毒水。氯气是一种绿黄色的气体，化学家用冷却和压缩的方法把它制成液体。氯气有毒，但是，一百万份水里加进四五份液体氯，对于人体和其他动物是无害的，而细菌却被完全消灭了。氯气在水里有气味，有些人喝不惯这样的水。近来有人提倡用紫外光线来杀菌，这样，水就没有气味了。

有时候，水的气味不好，是水中有某种藻类繁殖的结果。在这种情形下，我们可以在水里稍许加些硫酸铜，就能把藻类杀尽。硫酸铜这种蓝色的药品，对于人类也是很有毒的，但是在3000吨水里，只加5公斤硫酸铜，那就没问题。

为了消灭水里的气味，又有人用活性炭，它能把水里的气味全部吸收，而且很容易除掉。

经过清洁处理的水，是怎样输送到各用户手里去的呢？它必须通过大大小小的水管，经过长途的旅行，然后才能到达每一个机关、工厂和住宅，人们把水龙头拧开，水就淙淙地奔流出来了。

由于地心引力的影响，水都是从高处流向低处的，所以蓄水池和水库必须建筑在高地上，如果用井水和泉水做水源，那就必须用抽水机把水抽送到水塔里去，水塔一定要高过附近所有的建筑物，才能保证最高一层楼的人都有水用。

衣料会议

衣服是人体的保护者。人类的祖先，在穴居野外的时候，就懂得这个意义了。他们把骨头磨成针，拿缝好的兽皮来遮盖身体，这就是衣服的起源。

有了衣服，人体就不会受到灰尘、垃圾和细菌的污染而引起传染病；有了衣服，外伤的危害也会减轻。衣服还帮助人体同天气作不屈不挠的斗争：它能调节体温，抵抗严寒和酷暑的进攻。在冰雪的冬天，它能防止体热发散；在炎热的夏天，它又能挡住那吓人的太阳辐射。

制造衣服的原料叫作衣料。衣料有各种各样的代表，它们的家庭出身和个人成分都不一样。今天，它们都聚集在一起开会，让我们来认识认识它们吧！

棉花、苎麻和亚麻生长在田地里，它们的成分都是碳水化合物。

棉花曾被称作“白色的金子”，它是衣料中的积极分子。从古时候起它就勤勤恳恳为人类服务。在人们学会了编织筐子和席子以后，不久也就学会了用棉花来纺纱织布了。

从手工业到机械化大生产的时代，棉花的子孙们一直都在繁忙紧张地工作着，从机器到机器，从车间到车间，它们到处飘舞着。当它们来到缝纫机之前，还得到印染工厂去游历一番，然后受到广大人民的热烈欢迎。

苎麻和亚麻也是制造衣服的能手，它们曾被称作“夏天的纤维”。它们的纤维非常强韧有力，见水也不容易腐烂，耐摩擦、散热快。它们的用途很广，能织各种高级细布，用作衣料既柔软爽身又经久耐穿。

羊毛和皮革都是以牧场为家，它们的成分都是蛋白质。羊毛是衣料中又轻又软、经久耐用的保暖家，是制造呢料的能手。它所以能保暖，是由于在它的结构中有空隙，可以把空气拘留起来。不流动的空气原是热的不良导体，可以使内热不易发散，外寒不易侵入。

在人们驯服了绵羊以后，就逐渐学会了取毛的技术。

皮革不是衣料中的正式代表，因为它不能通风，又不大能吸收水分，因而不能作普通衣服用。可是在衣服的家属里，有许多成员如皮帽、皮大衣、皮背心、皮鞋等都是用它来制造，它还经营着许多副业，如皮带、皮包、皮箱等。皮子要经过浸湿、去毛、鞣制、染色等手续，才能变成真正有用的皮革。

像皮革一样，漆布、油布、橡皮布也不是正式代表，它们却有一些特别用途，那就是制造雨衣、雨帽和雨伞。

蚕丝是衣料中的漂亮人物,也是纤维中的杰出人才,它曾被称作“纤维皇后”。它的出身是来自养蚕之家,它的个人成分也是蛋白质。蚕吃饱了桑叶,发育长大后,就从下唇的小孔里吐出一种黏液,见了空气,黏液便结成美丽的丝。蚕丝在自然界中是最细最长的纤维之一,富有光泽,非常坚韧而又柔软,也能吸收水分。

利用蚕丝,首先应当归功于我们伟大祖先黄帝的元妃—嫘祖。这是4500多年前的事。她教会了妇女们养蚕抽丝的技术,她们就用蚕丝织成绸子。其实,有关嫘祖的故事只是一个美丽的传说。真正发明养蚕织绸的,是我国古代的劳动人民。随着劳动人民在这方面的经验和成就的不断积累提高,蚕丝事业在我国越来越发达起来。公元前数世纪,我国的丝绸就开始出口了,西汉以后成了主要的出口物资之一,给祖国带来了很大的荣誉。

在现代人民的生活里,人们对衣服的要求是多种多样的,而且还要物美价廉,一般的丝织品和毛织品,还不能达到这样的要求,人们正在为寻找更经济、更美观的新衣料而努力着。

近些年来,在市场上,出现了各种的人造丝、人造棉、人造皮革和人造羊毛,这些都是衣料会议中的特邀代表。

人造丝来自森林;人造棉来自木材和野生纤维;人造皮革和人造羊毛来自石油城。

衣料会议中,有一位最年轻的代表,它的名字叫作无纺织布,它来自化学工厂。这是世界纺织工业中带有革命性的最新成就。这种布做成衣服能使我们感到更轻便,更舒服,更保

暖，更丰富多彩，也更经济。

无纺织布有人叫作“不织的布”，可以用两种方法来生产。第一种是缝合法，把棉、毛、麻、丝等纺织用的原料梳成纤维网，经过反复折叠变成絮层，然后再缝合成布。第二种是黏合法，把纤维网变成絮层，再用橡胶液喷在絮层上黏压成布。

无纺织布是第二次世界大战后的新产品，因为它能利用低级原料，产量高而成本低，还能制造一般纺织工业目前不能制造的品种，所以世界各国都很重视它的发展，它的新品种不断地在出现。

衣料代表真是济济一堂。

在闭幕那一天，它们通过两项决议。

它们号召：做衣服不要做得太紧，也不要做得太宽。太紧了会压迫身体内部的器官，妨碍肠管的蠕动和血液流通；太宽了妨碍动作而且不能起保暖的作用。

它们呼吁：衣服要勤洗换，要经常拿出来晒晒太阳，以免细菌繁殖；在收藏起来的时候，还得加些樟脑片或卫生球，预防蛀虫侵蚀。保护衣服就是保护自己的身体。

光和色的表演

节日的首都，艳装盛服，打扮得格外漂亮。到了晚上，各种灯光交相辉映，天安门前焰火大放，更显得光辉灿烂，美丽夺目。这正是光和色大表演的时候。

光来自发光体，这些发光体，有的是天然的，有的是人工的。对于居住在地球上的人来说，最主要的发光体就是太阳。天空里还有无数的恒星，有的比太阳还要庞大而光亮，但是它们离我们的地球都太远了。自然界里虽然还有许多微小的发光体如萤火虫、海底发光的鱼类、发光的细菌以及几种放射性元素，但是它们必须在黑暗中才能显现出来。

在晚上，我们就需要依靠人工发光体——灯火之光——来照明了。暴风雨中的闪电，虽然也是一种发光，但它不能持久。月亮就不是发光体，它的光是太阳所反射出来的。

光从发光体出发，在旅途中，受到各种物质的欢迎。有些物质是透明体，如空气、玻璃和胶片，光射到它们的身上，照例是通行无阻的。有些物质是半透明体，如雾、磨光玻璃和玻璃砖，光到了那里，一部分被反射，一部分被吸收，还有一部分是溜过去了。有些物质是不透明体，如木头、厚布、石板和金属，在这里，光的进军就受到完全的阻挠，不是被反射，就是被吸收。这是光在行进中的三种遭遇。

光遇到平滑的镜子，它的脚步是非常整齐的，因而镜中能留下物影，这是它最惊人的表现；光遇到粗糙的表面，就不是

这样。

镜是光的助手，在凹面镜的大力支持下，光的强度是加大了，从小小的手电筒到大大的探照灯，都是利用了这个原理，光变得威风凛凛了。

色是光的女儿，如果让太阳的光线穿过三棱镜，光受到了曲折，就会呈现出一条美丽的色系，由大红而金黄，而黄，而绿，而靛青，而蓝，而紫，这是色的七个姊妹。红以下，紫以外，因为光波太长或太短的缘故，不得而见了。如果我们仔细观察一下，还有许多中间色，这些都是色的儿女，这些色混合在一起，会化作一道白光。

大雨过后，这七个姊妹常常在天空出现，十分美丽，这时候人们把它们叫作“虹”。

人们对于色的知觉，可以分作两派，一派是无色，一派是有色。

无色派就是黑与白及中间的灰色。

有色派就是太阳光色系中的各色，再加上各种混合色，如橄榄色和褐色之类。

有色派又分作两小派，一小派是正色，一小派是杂色。

火焰和血的狂流，都是热烈的殷红；晴朗的天空、海洋的水，都是伟大的蓝；大地上不是一片青青的草、绿绿的叶，就是一片黄黄的沙、紫紫的石，这些都是正色。

傍晚和黎明的霓霞、花儿的瓣、鸟儿的羽、蝴蝶的翅、金鱼的鳞，乃至于化学药品展览室里一瓶一瓶新发明的奇怪染料，这些都是杂色。

人们对于色都有好感。彩色的图画、彩色的电影和彩色的电视，都赢得了观众不少的好评。国庆节的礼花，这是铅、镁、钠、锶、钡、铜等各种金属燃烧后所放出的光和色的联合大表演，更是美丽动人，能使人欢欣鼓舞、精神振奋，进入诗的境界。

血的冷暖

在动物世界里,有冷血和暖血动物之分,这种区别究竟在哪里呢？为了回答这个问题,得先追查一下,动物身上的热气是从什么地方产生出来的。

有些人认为：热大半都是由摩擦而发生，动物身上的热气,也是血液和血管之间的摩擦而产生的。

这种说法,一直到18世纪末叶,还盘踞在人们的脑子里。直到氧发现后不久,法国化学家拉瓦锡才指出：动物的热气,也是一种燃烧或氧化作用。他以为：生理上氧化作用的地点是在肺部,血液一到了肺部,它所含有的碳水化合物就和吸进去的氧化合,产生了水和二氧化碳,同时释放出了大量的热。

后来,生理学者的实验又证明了：体热的发生,应当归功于全身血液,不仅限于肺。

又经过多年的争论,科学界才一致公认：体热也不是单单从血液里产生,而是由全体细胞负责。氧运到了各细胞里,才开始氧化而产生热。血液所担任的只是运输和分配的工作,由于它的循环流动,才能把过剩的热送到过冷的部位去,互相调整。

除了生病发烧以外，动物的身体都能经常保持一定的温度。这是由于它们的体内有一种管束体温的机能。

以上的结论，是由观察暖血动物而得来的。至于冷血动物呢，它为什么有这样的称呼呢？是不是因为它的身体都是

冷冰冰的,就没有一丝热气呢?

一般说来,动物的血液之所以有冷暖之分,是根据它们的体温和外界空气的比较而定。那么,人和鸟兽之类的动物,号称暖血,是不是它们的血液比空气热呢?爬虫、青蛙和鱼之类的动物,号称冷血,是不是它们的血液比空气冷呢?事情不是这样简单。

暖血动物的体温,不受环境的影响,不论是在夏天还是在冬天,不论四周空气是比身体热还是冷,它们的体温都不会发生什么变化。所以暖血动物不如叫作有恒体温的动物。

冷血动物的体温就有伸缩性了。在冬天,它们的体温常常是低的,低到和四周的空气或水相近;在夏天,环境的温度升高,它们的体温也随着上升。它们在冷的环境中,才变成冷血了,所以还不如叫作无恒体温的动物。

暖血动物能维持一定的体温,是由于它们氧化的力量很强盛,而且具有管束体温的机能。冷血动物的氧化力量薄弱,又没有管束体温的机能,即使有,也不十分发达。还有冬眠动物,它们的体温介于暖血和冷血之间,也具有管束体温的机能,在平常的日子里,都能维持一定的体温,但遇到极冷的时候,它们就不能支持了。所以在冬眠期间,它们的体温几乎和周围的空气一样。

勤劳的蜜蜂过着集体生活,它的蜂群有时候被称作昆虫中的暖血者,这是由于它们的辛勤劳动产生了热气,能调节和维持蜂巢内的温度。

恶毒的蛇,是爬虫类的后代,它们的体温有时比环境只高

出2－8℃。有的爬虫也略具有管束体温的机能，可以防止体温升得太高。例如它们一到了太热的时候，就不得不喘气，喘气就是把肺里的水分蒸发了，于是热就消失不少。

总的说来，动物所以有暖血和冷血之分，是由于它们对于环境气候的反应存在着生理上的分歧。

星际航行家离开地球以前

两年多以来，人类成功发射了三颗人造地球卫星和三个宇宙火箭，这些都是星际旅行的开路先锋，它们都带有各种科学测量仪器，通过无线电，把宇宙空间的科学情报传送给地面的接收站。

相信不久之后，人类将要发射带人的火箭，人飞往月球和其他星球去的愿望，就要从幻想变成现实了。

发射一个带有科学仪器的火箭，已经不是一件简单的事，发射一个带人的火箭，就更加不容易了。小朋友们都想知道，这带人的火箭船，在起飞以前，还存在着哪些重要问题需要解决呢？

从生理学的眼光看去，星际航行家首先要遇到的困难就是超重的问题。

一个人从初生到老年，他的体重随时都在变化，不过，这些变化是极其缓慢的，不容易觉察，如果你坐着火箭船上升的时候，情形就不同了，在开头的十几分钟之内，你就会马上觉得自己的手和脚都变得非常沉重，你的体重突然增加了十几倍，这就是超重的现象。这是因为，火箭船起飞的速度非常猛烈，地心的引力突然增加了十几倍，如果你原来只有50公斤重，现在你就要变成700多公斤重的大胖子了。

这样一来，你的大脑皮层的正常活动，就要受到破坏，陷入昏迷状态；你就会失去知觉，呼吸短促，最后心脏也停止了跳动。

所以星际航行家们，必须受过严格的有计划的飞行训练，以提高他们对于超重的适应能力。火箭船上也必须安装专门防护设备，来抵消地心引力的影响。

火箭船继续上升，地心的引力逐渐缩小，人就觉得体重越来越轻，轻到只剩下几公斤了，如果船舱内没有特别的装置，你的身体只要摇动一下，就会像羽毛球一样蹦跳起来，飘来飘去，这就是失重的现象。这种现象对于人体来说，虽然不产生什么有害的影响，人的动作并不因此而失调，但也给乘客们带来很大的不便，所以在火箭船上要有防御失重的设备。

人生活在地球的表面，这就是大气的底层，周围都充满着空气。由于地心引力的影响，空气是具有重量和压力的。在一般的情况下，气压的变化不大，大约是在720－770毫米汞柱之间，因此人也就能够经受得起。随着火箭船的上升，气压就变得越来越低，低到只有240毫米汞柱以下的时候，人就要受不了啦。低到零度的时候，全身的水分都要蒸发。如果没有防护的设备，生命就难保了。

科学家已经发明了利用特种金属材料做成的高度密闭化的船舱，这样就可以保持正常的气压。

宇宙的空间，是各种辐射线的战场。火箭船越升越高，这些辐射线的作用就越来越强大，它们的穿透力都很厉害，对于人体细胞发生破坏的作用，如果不设法避免，生命就危险了。

除了这些外来的因素对于人体发生直接的影响之外，人坐着火箭船上升的时候，还必须解决呼吸和饮食两个问题。

人一刻也不能离开呼吸而生存，所以在火箭船的密闭船舱里，就必须备有供给氧气的装置，利用压缩氧就能保证人体源源不断地得到氧的供应。

人体还不断地排出二氧化碳和水蒸气，如果它们没有适当的出路，就会在密闭的船舱内越聚越多，万一二氧化碳在空气里的含量超过20%，人就会窒息而死。该怎么办呢？为了防止这个事故，化学家发明了一种石棉的化合物，能够吸收大量的二氧化碳和水蒸气；生物学家正在研究一种更好的办法，这就是利用植物的光合作用，既能吸收二氧化碳又能放出氧气，这种植物就是单细胞藻类。这种藻类有很高的营养价值，蛋白质和维生素都非常丰富，还可以制成粉末，充当星际航行家的食粮。真是一举数得。

有了科学家们的不断努力，星际航行家所遇到的种种困难，都能一一克服，人类飞出地球去的日子，不必等待太久了。

谈寿命

地球上的生命活动，远在5亿年以前就开始了。最初的生命，是以蛋白质分子的身份出现在原始的海洋里。往后，越来越多的原始生物，包括细菌、藻类和以变形虫为首的单细胞动物集团，一批又一批地登上生命的舞台。

这些原始生物，都是用分裂的方法来繁殖自己的后代的。一个母细胞变成两个子细胞之后，母体的生命就结束了。所以它们的寿命都极短暂，只能以天或小时来计算，最短的只有15分钟。

当单细胞动物进化到多细胞动物，寿命也就延长了。例如大家所熟悉的蚯蚓，就能活到10年之久。印度洋中有一种大贝壳，重300公斤，被称作软体动物之王，在无脊椎动物世界里，创造了最高的寿命纪录，能活到100岁。

一般说来，昆虫的寿命都很短促。成群结队飞游在河面湖面的蜉蝣，就是以短命而著名的，它们的成虫只活几小时，可是它们的幼虫却能在水中活上几年。

蜻蜓的寿命只有一两个月，它们的幼虫能活上一年左右；蝉的寿命只有几个星期，而它们的幼虫竟能在土里度过17年的光阴。

鱼类的寿命就长得多了。在福州鼓山涌泉寺放生池里所见到的大鲤鱼，据说都是100年以上的动物；杭州西湖玉泉培养的金鱼，也都是30岁以上的年纪了。

在长寿动物的行列中，乌龟的寿命要算最长的了。英国伦敦动物园里保存着一只巨大的乌龟，也许现在还活着，它的年纪已经超过300岁了。听说非洲的鳄鱼，也能达到这样的高龄。

达到100岁以上的动物，还有苍鹰、天鹅、象以及其他少数罕见的动物；一般猛禽野兽和家禽家畜之类，它们的寿命都在十岁到五六十岁之间。在一般的情况下，它们都不能尽其天年，或者为了人类营养的需要而被宰吃，或者因为年老力衰得不到食物而饿死，也有的因气候突变或传染病而死。

至于人类的平均寿命，欧洲在黑暗的中世纪，只有20～30岁，这连许多高等动物还不如。

文艺复兴以后，这个统计数字不断地在增长。现在有一些国家里，人的平均寿命已经达到70多岁的标准，这个标准比一般动物的寿命都要高。现在百岁以上的健康老人也常有所闻。

在我们现代社会，对于人的关怀，是从他的诞生前就开始的，因而婴儿的死亡率大大下降，各种保健制度都已建立起来。政府又大力提倡体育运动，以增强人民的体质。这一切，对于延长人民的平均寿命，都具有深远的影响。

随着医学的进步、爱国卫生运动的发展，危害人类的传染病逐渐消灭，就是那可怕的癌症的防治工作也有了不少进展。

近年来，科学家对于征服衰老的斗争，起了令人鼓舞的作用。许多新方法给我们带来了新的希望。人能活到150岁以上，还不是人类寿命的极限。这句话，不能说是过分乐观的估计吧！

未来的旅行

我很荣幸地收到《环球旅行》杂志总编辑的来信，为了庆祝这个刊物诞生100周年，要我写一篇文章来纪念它。

旅行对于每一个人来说，都是一件愉快而有意义的事情。你到的地方越多，见闻越广，知识增加得越快，对世界的认识也更全面。

国家之间的旅行访问，有助于促进经济和文化的交流，并且在旅行者的心里产生一种国际友谊感，这种感情，显然是国际友好合作的基础。

这些都是旅行的好处。但是，你的旅行计划不能单靠徒步来完成，必须掌握住一定的交通工具。

要想到远方去旅行，只有依靠现代化的交通工具，从火车、轮船到汽车、飞机才办得到。

社会的发展使越来越多的人能享受旅行的权利。

随着时代的进步，人民的生活不断提高，工作时间缩短，每年又有一定的假期，人人都想去旅行，旅行就不是几个人、几十人、几百人的事情，而是几亿人的事，几亿人都想行动起来，这就不简单。

首先，必须简化旅行的手续，让几亿人都预先来登记，说出自己的旅行目的和愿望。

其次，要组织起来，有计划地集体去旅行。

再过100年后，也许现在的火车、轮船、汽车和飞机，都要

退出历史舞台，被送进古物陈列馆了。

那时候，地球上将出现各种类型的新的交通工具，其中最引人注目的就是水、陆、空和海底四用的原子飞船。

这是一种大型的交通工具，可以容纳得下几百人到几千人的乘客。

它能以每小时几千公里的速度在二三十公里以外的高空飞行。

它能沿着公路在陆地上前进。

它能在海洋上乘风破浪。

它又能变成潜艇在海底活动。

这种新型的交通工具，是由原子发动机来开动的。

原子发动机，不用汽油和别的燃料，只用几公斤的铀就可以了，同时对于放射性的危害物防护得非常周密。

这种原子飞船有精密的无线电装置，可以用无线电来导航，它的一切机器都由电子计算机来管理。

全部机器的零件，都是用特种塑料制成的，既轻便又坚固耐用。

这种飞船都装有感光的仪器，遇到面前有障碍物的时候，都会自动更换方向或自动刹车。

它又有调节空气的自动设备，在任何恶劣的环境里，使温度、湿度、气压和氧气的供应都适合人体的需要。你坐在里面，夏天觉得非常凉爽，冬天觉得非常温暖。

在每一个座位上，你又发现有一架电视电话机，你可以同你远方的亲友面对面地谈话。

它又有一种陀螺仪器控制的装置，能自动消灭摇晃，使旅客免除晕船的痛苦，这样就使旅客们产生一种安全感。

为了旅客的便利，全世界各大城市都建立了万人大旅馆和万人大食堂，它们的设备都是自动化的。在各古迹名胜，游览胜地，也都设有旅行者之家，接待旅客的工作都做得非常周到。

虽然有了这些良好的工具和设备，但它们还不能满足旅行者的要求。

21世纪60年代的人们对于旅行的兴趣，已经越出了地球的范围。那时候，宇宙航行事业进行得非常紧张热烈，全世界各地都有星际旅行服务站。

地球和月球，地球和金星，地球和火星之间，已经开始定期通航；还有不少光子火箭，已经发射到太阳系以外，到更遥远的星系世界探险。

月球、金星和火星上正在大搞基本建设，准备迎接一批又一批新来的客人。

到了30世纪以后，人类的交通网将遍布宇宙空间，那时候，我想《环球旅行》杂志也要改名为《宇宙旅行》了。

蜜蜂的故事

蜜蜂爱劳动,所以它是我们学习的榜样。

在蜜蜂的社会里,没有不劳而食的,如果蜂群的成员失去劳动能力,不能参加生产,对于蜜蜂的集体生活不产生任何积极作用,都要被驱逐出境。

蜜蜂过的是集体生活,它们的组织非常严密。蜂王,是母蜂,是蜂群的领导者。它管理着群蜂,大大小小的蜂儿都是它的子子孙孙。雄蜂,它们的任务是和母蜂交配,不做任何其他事情。工蜂,它们是蜂群中真正的劳动者,担任着蜂巢内外一切保卫和建设工作,从制造蜂粮到饲喂幼蜂,从保护蜂巢到清理蜂房,从采撷花蜜和花粉到采水和扇风,从酿蜜、制蜡到保持蜂房的气温,一年四季都在紧张地劳动。

蜜蜂是采蜜的小技师。在夏季主要的采蜜期,从黎明到黄昏,它们的工作非常繁忙,一刻也不休息。从蜂巢到花丛,又从花丛到蜂巢,飞来飞去,匆匆忙忙,不知道有多少万次。它们访问了所有芬芳的花朵,每一瓣花蕊都留下它们的足迹。

蜜蜂是传授花粉的能手。它们是农民的好朋友,它们把花粉敷在后腿上,到处传播,使果树结果,使农作物的产量提高。

蜜蜂是最灵巧的建筑师,到春暖花开的时候,它们就开始营造新巢。它们的建筑,都符合几何学、建筑学的规则。

蜜蜂在采蜜时,如果遇到丰富的食料,它们就会在飞行中做出种种舞姿,向它们的伙伴发出信号,朝什么方向飞,在什么地方，有多长距离，有什么花朵。

蜜蜂的生活和工作，对于人类大有益处。它们酿造的蜜，富有营养价值，它们的蜡，许多工业品都要用到它，就连它们身上的毒刺，也能治疗疾病，使人延年益寿呢！

庄稼的朋友和敌人

庄稼有许多朋友和敌人。

庄稼的朋友，大多数都是化学王国的公民，有的出身在元素的大家庭，有的来自化合物的队伍，它们都是植物的生命建设者和保卫者。

这些朋友以氮、磷、钾三兄弟最受欢迎。这三兄弟就是肥料中的三宝，庄稼不能离开它们而生存，就和不能离开水和二氧化碳一样。

没有氮，就没有蛋白质；没有蛋白质，就没有生命。如果土壤中的氮素不够，植物的茎秆就会变得矮小微弱，叶子发黄，果实减少。

没有磷，细胞核就停止工作，细胞就不能繁殖。

没有钾，光合作用就不能顺利进行，对于病虫害的抵抗力也会减弱。

所以，要提高农作物的收获量，这三种元素必须源源不断地加以补充。

除了这三种元素以外，参加植物营养供应的还有钙、硫、镁、铁、硅五位朋友。这五位朋友的需求量对于植物来说虽然不大，在一般土壤里都能找到，但它们的存在也是不可缺少的。

缺少钙，根部和叶子就不能正常发育；

缺少硫，蛋白质的构造就不能完成；

缺少镁和铁，叶绿素就要破产；

缺少硅，庄稼就不能长得壮实。

参加植物生命活动的化学元素，还有硼、铜、锌和锰这几位朋友，因为它们在植物中的含量极其微小，常被认为是杂质而不加重视，现在我们知道，这些元素朋友也是庄稼所需要的。

有了硼，庄稼就能抵抗细菌的侵袭而不会生病。大麻、亚麻、甜菜、棉花等作物尤其需要它。

有了铜，可以使植物不生病。铜元素又是细胞内氧化过程的催化剂，有了它，大麦、小麦、燕麦、甜菜和大麻的产量就会提高。

有了锌，植物的叶子就不发生大理石状斑纹的毛病。

有了锰，就会使土壤更加肥沃。有很多农作物，如小麦、稻子、燕麦、大麦、豌豆和苜蓿草等都需要它。

庄稼的敌人，给植物的生命以严重的威胁，给农业生产带来了莫大的灾害和损失。

第一批敌人，是杂草。杂草是植物界的殖民主义者，它侵占庄稼的土地，掠夺养料和水分，并且给农作物的收割造成巨大的困难。

庄稼在它的生命旅途中，要和60种以上的杂草进行斗争。这时候从化合物的队伍里来了一位庄稼的朋友，叫作生长刺激剂，是一种化学药剂，能抑制各种阔叶杂草的生长，每15亩土地只需要二三斤，就能把杂草的地上部分以及深达地下1/3米的根部都毒死，而对于农作物却毫无害处。这种化学药剂，又叫作植物生长调节剂，由于它是一种复杂的有机酸，用它可以防止苹果树上的苹果早期脱落，又可以使番茄、茄子、黄瓜、

梨和西瓜之类的植物结出无子的果实。

第二批敌人，是啮齿类动物，包括黄鼠、田鼠和家鼠，它们都是谷物的侵略者。估计一头家鼠和它所繁殖的后代，一年内能够吃掉100公斤以上的粮食。在这里，从化合物队伍里又来了一位朋友，叫作磷化锌，是一种有毒的化学药剂，把它和点心混合在一起，老鼠吃了就会毙命。

第三批敌人，就是害虫和病菌，也包括病毒在内。对于农业危害极大的亚洲蝗虫、甜菜的象鼻虫、黑穗病的病菌以及烟草花叶病的病毒等，都是著名的例子。农业害虫估计有6000种以上，每年都给粮食作物和经济作物的收成以极大的打击，亏得从化学阵营里又赶来一大批支援农业的队伍，帮助农作物战胜病虫害。例如有一种含砷的化学药剂，叫作亚砷酸钙，它不但可以防治农作物的害虫，也可以用来防治果树的害虫。还有许多种含铜、含硫和含汞等类的化学药剂，都有杀虫灭菌之功。

此外，以虫治虫、以菌治虫的办法普及以来，庄稼丰收更有了保证。

庄稼有了化学和生物的朋友，就不怕生物界敌人的进攻了。

人们认清了庄稼的朋友和敌人，掌握了它们变化、发展的规律，就能发挥更大的作用，为农业生产服务。

大海的宝藏

滨海的居民，对于海是熟悉的，人们一见大海，就会觉得海阔天空，一望无际，为之心旷神怡。大海有许多显著的特点，蕴藏着无限的资源，对于大陆上的自然条件、人类生活和工农业生产，都具有密切的关系和深远的影响。我国东、南两面临海，连海岛在内，全部海岸线长达23365公里！大海的宝藏是亟须引起我们注意和研究的课题。

风云的诞生地

大海是风和云的诞生地。北方的寒流和南方的热浪，经常在它的上空进行搏斗，这就是风的成因；白天它受到阳光的亲吻，把水分蒸发到空中去，遇冷而凝结，这就是云的来历。这样一年四季大海担负着调节气候的工作：它缓和了大陆气候的急剧变化，它调整了地球大气的温度，使人类和动植物得到有利于他们生活的自然条件。

元素的归宿处

大海是地球上各种元素的归宿处。科学家分析海水的结果告诉我们：海水里至少含有58种元素，约占地球所有元素的一半以上。这些元素有一部分是随着河流不远千里万里而来的。它们有的以无机盐的身份散居在水里；有的逐渐下降成为海底沉积物，如石灰质和硅酸盐类。在沉积物的下面，海底还蕴藏着多种多样的矿产资源，如石油和天然气等。有人估计，世界上的石油，约有一半埋藏在海底，这是 一种极其丰富的自然宝藏，它的开发将给人类生活和生产带来巨大的福利和好处。

大家知道，人们可以从海水里取得日常生活所需要的食盐。除了食盐之外，还可以取得各种各样的化工原料、农业肥料、建筑材料和冶金工业用的耐火材料以及锰、镁、钠、钾、钙等各种金属和尖端技术所需要的各种稀有的贵重物质，如铀、钍、锂、锶、重水、重氢等。

生命的摇篮

大海是生命的摇篮。它包含着生命所需要的各种营养物质，又有着为生命所必需的生活条件，因此，几乎从每一滴海水里都能找到生物。这些生物，有的漂浮在水面，有的栖息在海底，有的游泳在水中。和陆地比较，海洋中植物种类较少，而动物种类较多。以鱼类为首的脊椎动物和其他动物界代表，如虾、蟹、贝、墨鱼、海星、海蜇、海绵等以及著名的藻类植物海带等，都是以海为家，在海里生息不已。这些形形色色的生物，除了供应人类的食品以外，还可以用来制成各种药品、工艺品、装饰品、香料、饲料和肥料。

动力的故乡

大海是动力的故乡。海洋的水是在永恒的运动中的，海浪的冲击，潮汐的涨落，强大的风力，海面和海底间的温差，都可以转变成为电能；海水里的重氢和钍、铀等物质，海底的石油和天然气也都是非常重要的动力资源。

此外，人们还利用海水的浮力和海水变为淡水的新技术，来解决航运问题和用水问题，使海洋更好地为人民服务。

陆地的开发,虽久已领先,海洋的开发不免有落后之感,未来可做的事情还多着呢!

大力宣传戒烟

吸烟可能是世界上损害健康的一个最大的原因,保守一点,每年至少有100万男女死于吸烟。

烟,几乎成了世界抨击的对象,戒烟宣传风行全球。烟危害之烈,是由于烟中的尼古丁被血液吸收而引起的。

尼古丁进入血液之后,人就会发生种种疾病,如肺癌、动脉硬化症、心脏病、气管炎等。尼古丁对身体的毒性作用是很大的。

烟中的尼古丁能够溶解在酒精里,所以边饮酒边吸烟的人,尼古丁就会很快地进入血液。吸入人体的尼古丁是在肝脏解毒的,而酒精却直接破坏肝脏的解毒功能。

过滤嘴烟实际上只是一种减毒纸烟。吸过滤嘴烟,可使吸烟人受害小些、慢些,但并非无害。

过滤嘴虽能滤过一部分毒素,但是过滤嘴会使烟燃烧不充分。吸过滤嘴烟的人血液中一氧化碳含量比吸普通烟者要高20%。因此,加过滤嘴并没有解决根本问题。

大量的资料充分地说明了吸烟不仅有害自己,而且烟雾弥漫,影响周围不吸烟的人。更为严重的是,妇女吸烟还危害胎儿正常的生长发育和影响儿童身心的健康。

那么,怎样才能有效地戒烟呢?

主要应当依靠吸烟者的决心和毅力。有的人指出，服用小苏打有助于戒烟，还有各种戒烟糖和药方。总之，戒烟是有办法的，也是能够戒掉的。

我希望广大的医务工作者都要像今天的医学专家们一样，身体力行，在本地区内采取各种不同形式，大力宣传吸烟害处，积极创作这方面的科普作品。同时，我们的医务工作者，更要身教重于言教，在宣传吸烟有害与戒烟中，起模范带头作用。同志们，让我们共同努力，摒弃吸烟这个不良嗜好，身体健康、精力充沛地为实现四个现代化做出贡献，为祖国增光添彩，为民族扬眉吐气吧！

笑

随着现代医学的发展，我们对于笑的认识，更加深刻了。笑，是心情愉快的表现，对于健康是有益的。笑，是一种复杂的神经反射作用，当外界的一种笑料变成信号，通过感官传入大脑皮层，大脑皮层接到信号，就会立刻指挥肌肉或一部分肌肉动作起来。

小则嫣然一笑，笑容可掬，这不过是一种轻微的肌肉动作。

一般的微笑，就是这样。大则是爽朗的笑，放声的笑，不仅脸部肌肉动作，就是发声器官也动作起来。捧腹大笑，手舞足蹈，甚至全身肌肉、骨骼都动员起来了。

笑在胸腔，能扩张胸肌，肺部加强了运动，使人呼吸正常。

笑在肚子里，腹肌收缩了而又张开，及时产生胃液，帮助消化，增进食欲,促进人体的新陈代谢。

笑在心脏,血管的肌肉加强了运动,使血液循环加强,淋巴循环加快,使人面色红润,神采奕奕。

笑在全身,全身肌肉都动作起来。兴奋之余,使人睡眠充足,精神饱满。

笑,也是一种运动,不断地变化发展着。笑的声音有大有小;有远有近;有高有低;有粗有细;有速有慢;有真有假;有聪明的,有笨拙的;有柔和的,有粗暴的;有爽朗的,有娇嫩的;有现实的,有浪漫的;有冷笑,有热情的笑。如此等等,不一而足,这是笑的辩证法。

笑有笑的哲学。笑的本质,是精神愉快。笑的现象,是让笑容、笑声伴随着你的生活。笑的形式,多种多样,千姿百态,无时不有,无处不有。笑的内容,丰富多彩,包括人的一生。笑话、笑料的题材,比比皆是,可以汇编成专集。笑有笑的医学。笑能治病。神经衰弱的人,要多笑。

笑可以消除肌肉过分紧张的状况,防止疼痛。

笑也有一个限度,适可而止,有高血压和患有心肌梗塞毛病的病人,不宜大笑。

笑有笑的心理学。各行各业的人,对于笑都有他们自己的看法,都有他们的心理特点。售货员对顾客一笑,这笑是有礼貌的笑,使顾客感到温暖。

笑有笑的政治学。做政治思想工作的人,非有笑容不可,不能板着面孔。

笑有笑的教育学。孔子说:“学而时习之,不亦说乎!”这是孔子勉励他的门生们要勤奋学习。读书是一件快乐的事。我

们在学校里，常常听到读书声，夹着笑声。

笑有笑的艺术。演员的笑，笑得那样惬意，那样开心，所以，人们在看喜剧、滑稽戏和马戏等表演时，剧场里总是笑声不断。

笑有笑的文学，相声就是笑的文学。

笑有笑的诗歌。在春节期间，《人民日报》发表了有笑的诗。其内容是：“当你撕下1981年的第一张日历，你笑了，笑了，笑得这样甜蜜，是坚信青春的树越长越葱茏？是祝愿生命的花愈开愈艳丽？呵！在祖国新年建设的宏图中，你的笑一定是浓浓的春色一笔……”

笑，你是嘴边一朵花，在颈上花苑里开放。

你是脸上一朵云，在眉宇双目间飞翔。

你是美的姐妹，艺术家的娇儿。

你是爱的伴侣，生活有了爱情，你笑得更甜。

笑，你是治病的良方，健康的朋友。

你是一种动力，推动工作与生产前进。

笑是一种个人的创造，也是一种集体生活感情融洽的表现。

笑是一件大好事，笑是建设社会主义精神文明的一个方面。

让全人类都有笑意、笑容和笑声，把悲惨的世界变成欢乐的海洋。

痰

请看历史的一幕："清康熙六十一年，帝到畅春园……病症复重……御医轮流诊治服药全然无效，反加气喘痰涌……翌日晨……痰又上涌格外喘急……竟两眼一翻，归天去了。"

我这篇科学小品就从这里开始。

痰是疾病的罪魁，痰是死亡的魔手，痰是生命的凶敌。

痰使肺停止了呼吸，痰使心脏停止了跳动，多少病人被痰夺去了生命。

人们常说："人死一口痰。"实际上不是一口，而是痰堵塞了肺泡、气管，使人缺氧、窒息，翻上来、吐不出的却只是那一口痰。

从宏观来看，痰的外貌是一团黏液。从微观来看，痰里有细菌、病毒、细胞、白血球、红血球、盐花、灰尘和食物的残渣。痰就是这些分子的结合体。

感冒、伤风、着凉是生痰之母，是生痰的原因。

气管炎、肺气肿、肺心病是痰的儿女，是生痰的结果。

咳嗽是痰的亲密伙伴，喷嚏是痰的急先锋，而哼哼则是痰的交响乐。

有了痰就会产生炎症，有了痰就会体温升高，这就导致急性发作或慢性迁延。

有了痰后应该积极进行治疗。自然首先是要服药，服中药中的化痰药：去痰合剂、蛇胆陈皮末、竹沥和秋梨膏。服西

药中的化痰药：氯化铵、利嗽平，包括消除炎症的土霉素、四环素、复方新诺明等药。一旦服药无效，情况严重，还要输液打针。常用的就是：青链霉素、庆大霉素、卡那霉素，必要时还要动用先锋霉素，当然，这要看是哪一种病菌在作怪而定。

然而，治莫过防；防患于未然，则事半功倍。怎样做到事先预防呢？

第一，要预防感冒，小心不要着凉。传染病流行季节，不要到大庭广众中去。天气变凉时，要勤添衣服注意保暖。

第二，一定要把痰吐在痰盂或手帕里。这一社会公德是为了避免病菌在广阔的空间漫游，产生更多进入人体的机会。不吸烟的人，不要去沾染恶癖。吸烟的人，一定要戒掉这生痰之“火”，否则，当你的生命进入中老年时期，就会陷入“喘喘”不可终日之中。

吸痰器也是人类和痰作战的有力武器。服药化痰固然是好，但光化不吸也是枉然。吸痰器的功能，就是要把痰从肺泡和气管中抽出来。自从有了吸痰器之后，老年人就不再愁患痰堵之苦。

在有条件的情况下，甚至外出旅行也可以带着它走。

我希望在城市的每一条街道，在农村的每一个生产队都备有这种武器，这是老年人的福音，它可以挽救多少条生命——使这些人在晚年的岁月中，为“四化”建设贡献自己毕生积累的宝贵经验和思想财富。

细菌和人——科学小品

名师导读

我们通常觉得细菌是导致人生病的微生物，每当人们一提到细菌的时候，就会担心细菌会引起什么疾病，所以对细菌唯恐避之不及，但是事实上那些导致人生病的毒菌不过是细菌中极小的一部分罢了。让我们仔细品读下面的文章，看一看细菌和人之间的关系吧。

人生七期

由初生到老死，这个路程，是谁都要走过的。不过，人不幸，在半道得了急症，或遇到意外，没有走完这条路，突然先被死神抓去了，那是例外。

在生之过程中，发育和衰老，同时进展。我们一天一天地成长，也同时一天一天地老迈了。小孩子一个个都巴不得即刻变作成人，但成人一转眼就都老了，都变成老头儿了。这个由小而大，由大而老之间，其实没有界线可分。天天在长，就是天天在老。生之日益多，死之日益近。不过看哪一种成分，显得格外分明，而把一条生命线，强分为数段，也可。大约看来，在25岁以前，发育的成分多，25岁以后，则衰老的成

分渐多了。

16世纪时，英国的大诗翁莎士比亚，有过一篇千古不朽的名诗，由婴儿起到暮年止，把人生分为七期，描写得极其生动逼真。大意是这样说的：咿咿唔唔在奶娘手上抱的是婴儿；满面红光，牵着书包儿，不愿上学去的是学童；强吻狂欢，含泪诉情，谈着恋爱的是青年；热血腾腾，意气甚强，破口就骂，胆大妄为的是壮年；衣服齐整，面容严肃，大声方步，挺着肚子的是中年；饱经忧患，形容枯槁，鼻架眼镜，声音带颤的是老年；塌的眼眶，没有了牙齿，聋了耳朵，舌头无味，记忆不清，到了尽头的是暮年。这样把人生一段一段的，分析下来，真够玩意儿呀。

但是，莎士比亚的人生七期，是看着人情世态而描写的。我们现在也要把人生分为七期，却是依照生理学上的情形而分的。这七期，不自婴儿始，以子宫内受孕的母卵为起点。

自母卵与精虫相遇，受了精以后，立时新生命就开始了。自开始至3个月，为第一期。这一期的变化，突飞猛进，最为奇特。在这一期里，母卵不过是直径不满1/700英寸的一颗圆圆的单细胞，内中却早已包含着成人所必须具备的一切重要的结构了。在这期里，还有几种结构，为成人所没有的，如第三星期，有鱼鳃的裂痕出现，如第六星期，有尾巴出现。自演化论者看来，这分明显出，人是鱼的后身，兽的子孙了。由母卵一个单细胞起，一变二，二变四，四变八，不断地变，到了第三个月，人的雏形已经完成，但仍是小得很，要用显微镜才看得清楚。这一期叫作胚胎期。

第二期是胎儿期，由第三个月起至脱离母体呱呱坠地时为止，大约有六七个月吧。在这一期里，并没有添出什么花样，细胞仍是在变多，已完成的雏形渐渐长大，渐渐加重，渐渐成熟罢了。

在温暖的子宫内的胎儿，不会感到饥饿和窒息的恐慌。他所需要的食料和氧气，都从母亲的血液里支取，都是由胎盘输进脐带送给他的。

在诞生的时候，这种食料和氧气的自由供给，突然停止。于是新生的婴儿，不得不哇的一声大哭，打通了两道鼻孔，顿时鼓动自己的肺叶，呼吸外界的新鲜空气。又哇的一声大啼，张开自己的小口尽力吸收甜美的乳汁，运用自己的胃和肠来消化食物。

这种食料供给的突变，对于发育的过程，并无重大的影响。不过在初生下来头3天，婴儿的体重略有减低。这多半是因为分娩后那几天乳量不足的缘故，不久就恢复了常态。

由呱呱坠地到2岁乳齿长出的时候为第三期，叫作婴儿期。

接着，就是第四期，即幼童期，由3岁起，女童到13岁止，男童到14岁止。在这一期里，年年体重均有增加，每年约增9%。这就是说，例如，体重40磅的儿童，每年增加3.6磅，体重70磅的儿童，每年增加6.3磅。假使不生疾病，不遇饥荒，这时期里体重的增加，就可以一直向上无阻了。

到了第五期，就是最宝贵的青年时期了。如春天的花一般，一朵一朵地开出来，红艳可爱，一个个女儿的性格，一个个男子的性格，很奇幻而巧妙地在这一期里长成了。一夜之间，不知不觉由娇羞的童女，一变而为多色多姿的妇人；由顽皮的童子，一变而成大声大样的男人。其间有不少不平等、参差不齐的形态与资质啦。

青年期，女子的标志是：月经的来临，骨盆的长大，乳峰的突起，以及阴毛的出现，这大约在13—14周岁之间就发生了。

青年期，男子的记号是：面部的胡须有了几根了；下部耻骨间的黑毛也一条一条地出来；同时好像喝了什么葫芦里的药，小孩子又尖又脆的高音，忽然变成又粗又重的沉音了。

在滋养得宜的时候，这一期里，体重和身高的增加，比儿童时期，来得还快，大约可由每年9%增加到每年12%。不过，贫苦的大众，平日都没有吃饱，营养不足，又怎能达到这样高速度的发育呢？

青年期的发育，是跟性的本能有关联的。割去生殖器的男童，到了青春发育的时期，就不会发生如平常男子一般的变化。从前清宫里的太监，就是这一例。这些太监，又不像男，又不像女，口音总是尖脆，颔下从来不生胡须。

美国密苏里大学，有一位解剖学教授亚冷先生，曾把某种动物的生殖器割去，那动物的发育因此迟缓了，他又将各种生殖器的组织制成溶液，注射入那动物的体内，于是那动物体内某部分的发育又激增了。

但是由这青春的发动而使发育激增这种现象并不能维持长久。大约过了2年之后，发育的速度就很快地跌下去了。满了22周岁的当儿，体重和身长都已发育完全，不再前进了。

不论怎样，到了23周岁，一切体格的生长都宣告终止。

当然在20岁与30岁之间，自体力方面看去，是我们一生最强盛的时代。运动健儿能创造新纪录，夺得锦标的，都在这时期内。

过了30岁，一切的身体机能，就江河日下了。

大概是50岁那一年吧，妇人的月经告别，她的生殖时代，就成为过去的了。在男子，生殖的机能，虽不似妇人那样的突然中断，然而一过了35岁之后，也就一天不如一天了。男子一过了35岁，就一天一天地肥大了。团团的面孔，双重的下巴，厚厚的颈项，都显得隆肿起来了。汗毛越来越粗，胡子蔓延的区域渐广。笨重的身体，挺着大肚皮，一步一步不慌不忙地走。有福气活到35岁以上的人，多少都有这种福相吧！

然而这些形象，却被科学家认为都是生殖机能渐弱的表示。割去生殖器的雄兽，也就渐渐异常得肥大起来了。割去生殖腺的雄鸟，毛羽也格外地粗大。生理学者起初也以为胡子汗毛的加多加粗，是男性发展完全的特征，后来由于阉割雄鸟的试验，以人比鸟，就悟到粗毛粗须，是性能力渐弱的标记，而在这时期内，男子生殖腺的作用，事实上的确是减弱了。男子到了60岁，生殖的机能就完全终止了。世间能有几个老当益壮，66岁还要割须弃毛，再做新郎的贵人呢？

由25岁起，女的到50岁，男的到60岁，是中年期，是一生的中心，是一生最有用的时代，这是第六期。

第七期，60岁以上的人，就算老了，一轮红日慢慢西沉，终归于万籁俱寂了。至于怎样老法，下一次再谈吧。

人身三流

中国的民众不知流了多少泪。

我由泪想起汗，由汗想起尿。

这是贫民窟里的三宝，却不为一般人所重视，因此我愿意替它们宣传宣传。

泪在灾民难民眼眶里狂涌，汗在车夫工人的额角背上怒奔，尿在黑暗的角落打滚。

这是三种有生命的水啊，被压迫而向体外逃亡，所以我称它们作“人身三流”。

人身所流出的水，固不止这三种，而这三种却是最肯抛头露面，而且爽直，不稍存退缩之心。

中国人的传统观念，总以为地位尊崇者，他的一切就高人一等。因此，在这人身的三流里面，泪的位置最高，也可以自称为上流了；汗的位置，上上下下，几遍于全身，只可称为中流；尿呢，那就是被人所贱视的下流了。

尿之不如汗，汗之不如泪，似乎是当然的道理。

所以古今诗人雅士，吟诗作赋，免不了说一两句伤心话，不是断肠，就是落泪，几乎非泪不足以表其多情。泪总是多情的产物罢。于是泪就可比茶一般的清高了。

一到了汗，他们就有些讨厌这个了。然而诗人到了夏天就有苦热诗了，在苦热诗里，又似乎非汗不足以写其苦。

至于尿，这卑鄙下贱的东西，用它骂人出气还可以，绝不

可以入诗文,就是俗人的谈话,也都极力避免用尿字。

其实,这是不公平,不正确的。我们都被传统的观念所束缚,所蒙蔽了。尿、汗、泪三者都是人身的外分泌,干净时,一样的干净,龌龊时,一样的龌龊。

究其来源,它们都是从血液里面逃出来的流民。

观其内容,尿最丰富,汗次之,泪最淡泊。然而都是一样的带点酸性的盐水,都含有一些“尿素”之类的有机化合物,还有别的,这里暂不提。

论其功用,尿最伟大,汗副之,泪就在可有可无之间了。

泪的故乡是在眼角和鼻骨之间的泪器。泪时时都伏于那泪器的门口观望,有时出来巡逻,洗洗眼珠,清清眼皮,偶尔堕入鼻子的深渊,无底洞,就成为一种鼻涕了。

泪在心理上颇占地位,人都认为它和悲哀的情感有关系,这是因为泪器的细胞,和大脑派出的神经有直接联络罢了。然而有时笑也会出眼泪;眼睛受了辣椒、烟雾的刺激,也会出泪;又有所谓流泪弹(催泪弹)之类的毒品,专使我们流出大量的泪。这可见泪实是眼睛的警备队、保护者了。

人本是流泪的生物。自初生到老死这一个过程中,流泪的机会多着哩。但中国人的眼泪是用得太滥了,各自为一身一家的疾痛,而流出一点一滴的泪,那泪是弱小而无聊的。

现在我们东方第一古国的悲剧,已一幕一幕地揭开了。我们要学春秋战国时代,荆轲和高渐离二侠士在燕市酒店里,那样慷慨悲壮地流泪。我们希望拿四万万大众的热泪,来掀波翻浪,洗净国耻。

然而泪终于是弱者的武器，单靠它来救亡图存，那力量是太薄弱了。

泪之后，还须继之以汗。

汗的原籍是皮肤里面的汗腺。全身的皮肤，除了外耳道、包皮、龟头之外，都有汗腺，而以手掌足底的汗腺为最多。人身皮肤汗腺的总计，大约在200万以上吧。

汗腺出汗的多少是没有一定的。这要看四周空气的情形，寒暖如何，干湿如何。多跑多动，也会出汗。有时人们受了突然的惊吓，也会吓出一身冷汗来，汗也被情感所支配了。据说在平时，就是穿长衫的人们，平均每24小时，也要出汗2—3升。这是因为皮肤受了衣服的包围，那里面的热气，常在32℃左右，所以无形之中时时都在出汗了。

不过，这汗不是水而是汽。大约要过了33℃的“界点”，汗气才一变而为汗水。

汗水和汗气的分界，也可以说就是劳力和劳心的分界罢了。

汗水里面的宝贝，除了盐和水之外，还有尿素、尿酸、肌酸、石炭酸、蛋白素之类的杂烩。而以尿素的成分为最主要。刚洗完蒸汽浴，或经过一番强烈的运动之后，满头满身，淋淋漓漓，都是热汗，而那些汗珠里面，尿素的成分，就顿时加了许多。

有的人听了这话，就有些不愿意，而且不大相信，以为尿素这下流东西，也配在我头上身上作威作福哇。然而这是生理上的事实。

原来尿和汗还是亲家，尿之尿素减少，则汗之尿素加多；汗之尿素少，则尿素都跑回尿那边去了。而其来去的主权，则由大脑派有特别神经，暗中操纵。

尿的历史就复杂得多了。现代疾病的诊断，又往往非做尿的检查不可，都是想从尿水里，追寻出疾病的脏物。尿的出身，虽甚下贱，它的先前性状，又极神秘，而它却是牺牲了自己而出奔——有的说是被压迫而逃亡——调和了血液，保全了全体，大有功于人身。将来如有空闲，也拟替它作一篇正传。

这里所要谈的，不过举其大概罢了。

它的大本营是肾，膀胱是它的行营。

肾是一副多管的腺，俗称腰子，又号腰花，常常被人误认为男子生殖器的睾丸。其实睾丸自是藏精之宫，而肾却是尿的制造所了。

在这每个制造所里面，约有200万颗小球——肾小球——无数微血管密密地分布。

这么多的肾小球，又都被小球囊所包围。小球囊和肾小球之间，只隔了两层薄薄的膜，一层是微血管的外皮，一层便是肾小球的外皮。

那小球囊的空间，就是尿管的起点。

尿管起初是弯来弯去，千回百转，所以叫作盘曲的小管，后来才变成直直的一条，出了肾，直通尿道，而达于膀胱了。

肾，这制尿局，其结构是如此细微而繁复，于是生理学者研究了再研究，在显微镜下，眼都看红了，还是纷纷论战，各执一说，还不能解决尿是怎样制造的这个问题。

有一派说，血一到了肾小球的微血管，因受大血管里的高血压所迫，只得透过了那两层薄膜，到了小球囊的空间，而变成尿。可是那尿是太稀了，于是当流过了盘曲的小管的时候，在途中，就有一部分又被两旁的外皮细胞所吸收了，其余的渐渐成了浓尿的本色。

又有一派也承认，尿是血所滤过的东西。不过，他们以为，在小球囊的尿，还不是完整的尿，而只是些无机盐和水，所以稀。后来，在盘曲小管的途中，又有一批尿素、阿摩尼亚之类的有机物，从两旁的外皮分泌出来，加入尿的洪流中，于是就浓了。

这两说，各有其道理，其试验根据，等他们决定了，再叙吧。现在我们只认尿是血的后身就够了。

血是最受人敬重的，我们又怎么能太看不起尿呢？

尿有时是酸性，有时较淡，这是间接受了食物的影响。吃肉的人，尿是酸性；吃素的人，尿近于淡。尿若变成了碱性，那是细菌这小贼儿的恶作剧。

尿的内容，除了守本分的无机盐和水之外，杂色的分子极多。主要的当然是尿素。其余还有尿酸、肌酸、马尿酸、草酸、硫酸盐、氧化酸、氮化酸、氮气、碳酸气、尿色素、尿胆素，各有各的来历与背景，还有有时列席有时缺席者不计外，真是济济一堂。这些名目都是抄自一位化学家的记录。

然而有人读了，就要生疑了。那姓马的尿酸怎么也会杂在里面，人尿里难道也会有马尿么？

本来科学名词都有些奇特，我们若认真起来，就很吃力。马尿酸，本是吃草的动物如马之类的尿中所常有的。人及吃肉的动物，难得有。但人若常吃素，尿里就有了大量的马尿酸了。反之，尿酸乃是吃肉的记号。所以尼姑、和尚之流，若开

了辈偷着买肉吃，尿里面马尿酸的成分变成了尿酸，这是瞒不过实验室里的化验员的。

尿的质既是这样琳琅富丽，尿的量也很可观。成年男子在24小时之内所分泌出尿的总量，通常都有1500—1700毫升之多。当然水喝得愈多，尿也就愈多，喝了茶、咖啡之类的饮料，尿也较多。这是常人所知道的。尿实是血过剩的去路啊。

然而，有人就要问了，尿何以恶臭难闻，它不是屎之流么？这又是传统的误会了。

尿与屎并论，是尿百世之冤恨。屎是食物的渣滓，和以胆汁，又有粪臭素、硫化氢之类的臭物，细菌成兆成亿地在那里寄生。虽居人身的腹地，并未曾受人肉的同化。

尿是血的分泌。血清尿亦清，血浊尿也浊。血糖有过剩，而尿就成为糖尿了。

尿的本味，就是阿摩尼亚的本味，是一种单纯的药味，昏迷的人闻了，还可以大醒。

尿之所以恶臭，是因为离了人身之后而变成的。这不是尿之本身的罪状，而是细菌的罪状。让细菌吃饱了的东西，就是汗，就是泪，就是血，就是肉，有哪一件不臭呢？

独于尿，最被看不起，这是下流者的不幸。

中国贫民窟里下层的民众，也被人看不起了几千年了。泪也竭了，尿也尽了，只有汗还多可以流。

多喝些革命的水吧！多喝些抗敌的酒吧！澄清民族的污浊！流出四万万人的血，使全太平洋的水变色！

色——谈色盲

有些泥古守旧的人，对于色，只认得红，其余的都模糊不清了，以为红是大喜大吉，红会升官发财，红能讨老婆生儿子，其余的色，哪一个配！

有些糊涂肉麻的人，如《红楼梦》里的贾宝玉之流，有特种爱红之癖，其余的色都被抹杀了，其余的色哪里赶得上？

然而，在今日的世界，红似乎又带有危险性了。有些人见了它就猜忌了。不是前不多时，报纸上曾载过，德国有一位青年因用了红领带而被处了6个星期的徒刑吗？

但是，我这里所要谈的，并不是这些喜红、爱红和疑红的人，而是另一种人，认不得红的人。

这一种人，对于红，一向是陌生的。

这一种人，见了红以为是绿，见了绿又以为是红。

这一种人，就叫作色盲。

色盲不是假装糊涂，而实是生理上的一种缺憾。

这些话，在色盲者听了，或者能了然；不是色盲的人听了，反而有些不信任了，说是我造谣。

因此我须从色字谈起。

色，这迷离恍惚、变幻莫测的东西，从来就有三种人最关心它。

物理学者关心它的来路，它的结构。生理学者关心它的现实，它和人眼的反应。心理学者关心它的去处，它对于心理

上的影响。

虽然，还有化学者在研究色料的制造，诗人美术家在欣赏、调和色的美感，政治家在用色来标榜他们的主义，市政交通当局在用色以表明危险与安全，如此等等的人，对于色，都想利用，都想揩油，于是色就走入歧路了。这些，我们不去细谈。

物理学者就说：色是从光的反映而成。光是从发光体送出来的一种波浪。这一波一浪也有长短。太长的我们看不见，太短的也看不见。

看不见的光，当然是没有色，然而它们仍在空气中横冲直撞，我们仍有间接的法子，去发现它们的存在。如紫外光、X光、死光之类。

看得见的光，就可以分析而成为种种色了。

大概，发光体所送出的光，多不是单纯的光，内容很复杂，因而所反映出的色，也就不止一种了。

满天闪闪烁烁的群星，都是极庞大的发光体，和我们最亲热的就是太阳。地球上一切的光，不，整个太阳系的光，都是来自太阳。电光、灯光、烛光，乃至于小如萤火虫的光，乃至于更小如某种放光细菌的微光，也都是受了太阳之赐。

太阳的光线，穿过了三棱镜，一受了曲折，就会现出一条美丽的色系，由大红，而金黄，而黄，而蓝，而绿，而靛青，而紫。红以上，紫以外，就因光波太长太短的缘故，不得而见了。而且，这色系之间的演变，又是渐变而不是突变，所以色与色之间的界线，就没有理想的那样干脆了。

色之所以有多种，虽是由于光波的长短不齐，然而其实也

靠着人眼怎样的受用，怎样去辨识。没有人眼，色即是空，有人眼在，空即是色。这太阳的色系，是一切色的泉源，普通的人眼，都还认不清，何况所谓色盲的人。

生理学者花了好些工夫去研究人眼，又花了好些工夫研究人眼所能见的色。他们说：人眼的构造，和照相机相似，最里层有一片薄膜，叫作视网膜，那视网膜就好比是底片。一色至一切色的知觉都在这底片上决定，又伏有视神经的支脉，可以直接通知大脑。

色的知觉，可分为两党：一党是无色，一党是有色。

无色之党，就是黑与白及中间的灰色。

有色之党，就是太阳色系中的各色，再加上各种混合的色，如橄榄色、褐色之类。

有色之党，又可分为两派：一派是正色，一派是杂色。

正色，就是基本的色，纯粹的色。有的说只有三种；有的说可有四种。说三种的，以为是红、黄、蓝；又有以为是红、蓝、紫。说四种的，以为是红、绿、蓝、紫；也有以为是红、黄、绿、蓝。

总之，不论怎样，有了这些正色之后，其余的色，都可以配合混制而成了。因此，其余的色，都叫作杂色。据说，世间的杂色，可有1000种之多哩。

太阳、火焰、血的狂流，都是热烈的殷红。晴天的天，海洋的水，都是伟大的深蓝。大地上，不是一片青青的草，绿绿的叶，就是一片黄黄的沙，紫紫的石。这些不都是正色吗？

傍晚和黎明的霓霞，花儿的瓣，鸟儿的羽，蝴蝶的翅，金鱼的鳞，乃至于化学药品展览室里一瓶一瓶新发明的染料，这些不都是杂色吗?

有了这些动人而又迷人,醒人而又醉人,交相辉映而又争妍夺艳的种种的色,使我们的眉目都生动起来,活泼起来,然而外界的引诱力是因之而强化,于是我们有时又糊涂起来,迷惑起来了。我们的心房终于是突突不得安宁了。为的都是色。

这些话都是根据人眼的经验而谈。

然而,色,迷人的色,把它扫清罢!假使这世界是无色的世界,从白天到黑夜,从黑夜到白天,尽是黑与白与灰,这世界未免太冷落寂寞了,太清寒单调了,太无情无义了。

然而,世间就有这么一类的人,对于色,是不认识了。大家看得见的色,他偏看不见,或看得很模糊,或大家看是红,他偏看出绿来,大家看是蓝,他偏看是白,大家看是黄,他看是暗灰色。

这一类人,有的是全色盲,对于一切色,都看不见;有的是一色盲,对于某色看不见;有的是半色盲,对于色,都看得模模糊糊罢了。最可怜的,就是那全色盲,他的世界完全是黑与白与灰,是无彩色的有声电影的世界。

这些事实,人们是不大容易发觉的。在这奔波逐浪、汹涌澎湃的人潮里,不知从哪一个时代,哪一位古人起,才有色盲,我们是没有法子去考据的,也许有好些读者从来没有听见过色盲这个名词,也许你们当中就有色盲的人,而连他自己都还没有发觉。

科学界注意这件事,是从18世纪末年英国的化学家道尔顿起。这位科学先生,本身就是色盲。他就是认不得红色的色盲中的一员。

认不得红色是有危险的呀！后来的生理学者、心理学者，都渐渐注意了。他们说：水路、陆路的交通，都是以红色作危险的记号。轮船、火车上的司机，若是红色盲，岂不危险么。十字大街上的红绿灯，是指挥不动这些色盲的路人了呀。于是这个问题就为市政和交通当局所重视了。

色盲的人，虽不是普遍的现象，然而也到处都有，尤以男子为多。据说，男子每百人中，色盲者有三四人；妇女每千人中，色盲者有1人乃至10人。

不过，完全色盲的人很少很少。最常有的还是红色盲。其次的，还有绿盲、紫盲、蓝盲、黄盲，如此之类的色盲。

这些色盲，都是对于某一种正色的朦胧，不认识。对于杂色，更是糊涂弄不清了。

然而，红盲的人，听了人家说红，就去揣度，有时他也自有他的间接法子，他的自定标准，去认识红，去解释红，所以人家说红，他也不去否认。这样地，我们要侦察他的实情，是真红盲，还是假红盲，就得用红的种种混合色，杂色，请他来比较一下，他的内幕于是乎被揭穿了。

医生检查色盲的种种手段，就是按照这个道理。

现在我们的敌人，有点假惺惺，口里声声亲善，背后枪炮刀剑，枪炮刀剑似乎是红，亲善又似乎不是红。中国的民众不要变成红盲吧！

声——爆竹声中话耳鼓

在首都，旧历新年的爆竹声，已不如从前那样通宵达旦，迅雷急雨般地齐鸣了。不知被甚风吹走，今年的爆竹声，虽仍是东止西起，南停北响，但须停了好一会儿，才接着响下去，无精打采地，既像疏疏的几点雨声，又像檐下的滴漏，等了许久才滴一滴。

在这国难非常严重的年头，凡有带点强为庆贺，强为欢笑之意的声调，本来就不顺耳，索性大放鞭炮，热闹一番，倒也可以稍稍振起民气，现在只有这不痛不痒的疏疏几声，意在敷衍点缀新年而了事，听了更加不耐烦了。不耐烦，有什么法子呢？

色、声、香、味、触，这五种特觉，只有声是防不胜防，一时逃避不出它的势力范围。声音一发，听不听不能由你。这责任一半在于声音的性质，一半在于耳朵的构造。

声音是什么呢？

声音是一种波浪，因此又叫作音波。这音波在空气中游行，空气的分子受了振荡，一直向前冲，中间经了无数分散而凝集，凝集而又分散的曲折。

音波是由发音体发出来的，起先一定是发音体先受了振荡，所以两个坚实的物体，互相抨击，就可以成音。这音波是一波未平，一波又起的，而每一波的长度都不相等，有时相差很远。

大凡合于音乐的音波，我们常人的耳朵所听得到的，它的波长，最长的不过 12 — 21 米，最短的波长只在 25 毫米之内。这些音波在空气中飞行极快，平均的速率，每秒钟能行 33 — 36 米，但也要看所穿过的空气的寒暖程度如何。

不论怎样，这些合于音乐的音波，是有规则的，有韵节的。不合于音乐的音波，就乱七八糟没有一点儿规律，没有韵节的了，所以听了就讨厌。

在从前，新年的爆竹声，家家户户合奏像一阵一阵的交响曲，使人非常高兴。今年的爆竹声，受了当局不彻底的禁止，受了民间不景气的潮流的影响，好久好久，忽儿发出三四声，短而促，真是不痛快而讨厌。

这声音的不协调，叫我感到不耐烦。

耳朵的结构是怎样的呢？

在我们的头颅上，两旁两扇翅膀似的耳翼，是收集音波的机器。在有的动物身上，它们还会听着大脑的指挥而活动，然而它们的价值只是加强了声音的浓度和辨别音波的来向罢了。

不谙生理学的中国人，尤其是星相家之流的人，太看重了这两扇耳翼，以为耳的宝贵尽在这里，而且还拿它们的大小作为富贵和寿命的标准。如老子耳长 7 寸，便以为寿，刘先主目能自顾其耳，便以为贵之类的传说。

其实，若不伤及耳鼓，就是割去两扇耳翼，也还听得见，不过声音变得特别一点儿罢了。这两扇露在外面的耳翼，有什么了不得呢？

围着耳翼里面那一条黑暗的小弄，叫作耳道。耳道的终

点，是一个圆膜的壁，叫作耳鼓。这耳鼓才是直接接收音波、传达音波的器官。这一片薄薄的耳鼓膜厚不及1/10毫米，却也分作三层：外层是一层皮肤似的东西，内层是一层黏膜，中间是一层“接连组织”。它的形状有点像一个浅浅的漏斗，而那凸起的尖端，却不在正中央，略略的偏于下面。这样带一点儿倾斜的不相称的形状，能敏锐地感到音波的威胁而振动。音波的威胁一去，那耳鼓的振动就停止了，所以耳鼓若是完好的，那外来的声音听得很干脆而清晰了。

紧靠在耳鼓膜的里面有三颗耳骨：一是锥骨，一是砧骨，一是镫骨，各因其形而得名。这三颗耳骨的那一面是靠着另一层薄膜，叫作耳窗，又名前庭窗。

这些耳骨是我们人身上最轻最小的骨。它们的构造是极尽天工的巧妙，只需小小一点音波打着耳鼓，就可以使它们全部振动，那音波便被送进内耳里面去了。

内耳里面是伏有听神经的支脉，叫作耳蜗神经。那耳蜗神经的细胞非常灵便，不论多么低微的声音，它们都能接收而传达于大脑。

现在像爆竹这般大而响的声音，我们哪里能逃避不听呢！就是掩着两扇耳翼，空气的分子，既受了振荡，总能传进耳鼓里面去呀。

不过，这也有一个限制，空气是无刻不受着振荡，有的振荡的速率是太快或太慢，达到了我们的耳鼓上面，就不成其为声音了。

我们一般人所能听到的声音，极低微的振动频率，大约是

在每秒钟 24 次至 30 次之间。有的人，就是低至每秒钟 16 次的振动频率的音波,也能听见。最高的振动频率,要在每秒钟 4 万次以内,才听得见。

在这里又要看各个人耳朵的感觉如何敏锐了。聋子是不用说了。有的人虽然没有到聋子的地步,然而对于好些尖锐的声音,如虫鸟的叫鸣,就听不见。虽然爆竹的声音,它的振动率不太高也不太低,只要距离得不太远,是谁都能听见的哩!

现在我们国家管事的人对于敌人的侵略，好像虫声鸟声一般唧唧地在那里秘密讨论。它的振动频率太低了，使我们民众很难听得见。而汉奸及卖国者之流，又似乎放了疏疏几声的爆竹,以欢迎敌兵,闹得全世界都听见了,真是出丑,更令我们听了不耐烦。然而又有什么法子呢?

香——谈气味

气味在人间，除了香与臭两小类之外，似乎还有第三种香臭相混的杂味罢。

植物香多臭少，动物臭多香少，矿物除了硫、硒、碲三者之外，又似乎没有什么气味了。

这些话是就鼻子的经验所得而谈。

香是鼻子所欢迎的，臭是所拒绝的，香臭不甚明了的第三种味，也就马马虎虎让它飘飘然飞过去了。

鼻子是两头通的，所以不但外界冲进来的气味瞒不过它，就是口里吞进去的，或胃里呕出来的东西，它也知道。捏着鼻子吃苦药，药就不大苦了。

然而鼻子有时塞住了，如得了伤风及鼻炎之类的疾病，那时就是尝了美酒香果，也没有平日那么可口了。

气味到底是什么东西组成的，而有这样的矜贵呢？是不是也和光波、音波一样，也在空气中颤动呢？从前果然有人以为气味的游行，也是波浪似的，一波未平，一波又起。而今这种观念却被打破了。

现代的生理学者都以为，气味是从各种物体发出来的细粉。这细粉大约是属于气体罢。既发出之后，就渐散渐远，渐远渐稀，终于稀散到乌合之乡去了。

但若在半途遇到了鼻子，就飘进了鼻房里面，在顶壁下，和嗅神经细胞接触，不论是香是臭，或香臭相混，大脑顷刻就

知道了。

据说,同属一类的有机化合物,结构愈复杂,气味也愈浓。这样看来,气味这东西,似乎又是化学结构上“原子量”的一种作用了。

因此,要把世间的气味,一一分门别类起来,那问题便不如起初料想的那样简单了。

于是我想,鼻子真是一副极灵巧的器官啊,无论什么气味,多么细微,多么复杂,它都能分辨出来。

鼻子在所有特觉当中,资格算是最老了。

然而文明愈进步,鼻子就愈不灵,生物的进化程度愈高,鼻子的感觉也愈坏。

野蛮民族,如美洲红人、原始人之类,他们的鼻子,都比现代人灵得多。他们常以鼻子侦察敌人,审查毒物,而脱离了危险。

狗的鼻子是著名的敏锐了。无论地上留有多么细微的气味,它都能追寻到原主。然而它也只认得熟人的气味,才是好气味。如果是生人,就是你满身都是香,也要对你狂吠几声,因为你不是它的圈子以内的人。

昆虫的嗅觉,似乎也很灵,不然房子里一放了食物,蟑螂、蚂蚁之类的虫儿,怎么就知道出来游历考察呢?

气味的感觉,也是当局者迷,外来者清。鼻子有时倦了,它也只有几分钟的热心。所以古人说:“入鲍鱼之肆,久而不闻其臭;入芝兰之室,久而不闻其香。”在生理学上看来,这句老话倒也不错。很多人总不觉得自己屋子里有臭味,一到外

头去跑跑，回来就知道了。

气味有时也会倚强欺弱，一味为一味所压迫，所遮蔽，所中和。所以两味混在一起，有时我们只闻见这味，而闻不到那味，如尸体的味一经石碳酸的洗浸之后，就只有石碳酸的气味了。

因此，人们常用以香攻臭的战术来消灭一切不愿闻的气味。这种巧妙的战术，是大大地被有钱的妇女所利用了。这也是香粉、香水之类化妆品的入超原因之一吧！肉的气味，大家都是一样，本来没有什么难闻。然而不幸有的人常常发生特种的气味，则不得不借香粉、香水之力以遮蔽了。然而又有的人竟大施其香粉政策以取媚于其腻友，或在社交上博得好声誉。

然而香粉、香水之类的东西是和蜂采蜜一般，从花瓣花蕊里面采出来，榨出来的，究竟不是肉的本味，而是偷来的气味，似乎有些假。

因此我还有一首打油诗送给偷香的贵人们：

窃了花香做肉香，
花香一散肉香亡，
剩下油皮和汗汁，
还君一个臭皮囊。

据说气味这东西与心理还有些联络。所以讨厌这个人也讨厌这个人的味，欢喜另一个人也欢喜那个人的味，这是常有的事，而且还有闻着气味而动了食指或色情的君子呢。

气味这东西真是不可思议了。

在这个年头，气味有时使我们气闷，使我们掩了鼻子不是,不掩鼻子又不是。掩了鼻子又有不亲善的嫌疑,不掩鼻子又有人说你的鼻子麻木了,不中用了。

社会上有许多事是臭而又臭,绝没有一些香气,又不是第三种的杂味可以让他飘过去,真是左右难以做人啊。

味——说吃苦

国内有汉奸,国外有强敌,爱国受压迫,救国遭禁止,在这个年头,我们国民有说不出的苦,有说不尽的苦,这苦真要吃不消了。

在这个苦闷的年头，由不得不想起春秋战国时代那一位报仇雪耻、收复失地的国君——越王勾践。

当时越国被吴国侵略,几至于灭亡,勾践气得要命。他弃了温软的玉床锦被不睡,而去躺在那冷冰冰的,硬生生的,二三十根树枝和柴头搭成的柴床上,皱着眉头,咬着牙关,在那里千思万想,怎样救亡,怎样雪耻?

想到不能开交的时候，又伸手取下壁上所挂的那一双黑黄色的胆,放在口里尝一尝。不知道是猪胆还是牛胆,大约总有一点儿很难尝的苦味罢。

这种卧薪尝胆，不忘国难国耻的精神，真是千古不能磨灭。现在我们民族,已到了生死存亡的关头,正是我们举国上下一致共同吃苦的时期，这个越王勾践发奋有为救亡图存的史实,不应被看作老生常谈,过于平凡,实当奉为民族复兴的警钟，有再提重提的必要。

卧薪尝胆，是要尝目前的苦味，纪念过去的耻辱，努力自救，既以免生将来更大的惨变，复可争回民族固有的健康。

但，对于苦味的意义，我们都还没有一番深切的了解吗？

为什么尝一尝胆的苦味，就会影响国家的危弱呢？

这是因为胆的苦味，触动了舌头上的神经，那神经立刻通知大脑，大脑顿时感到苦的威胁了。由小苦而联想到大苦，由小怨而联想到大怨，由一身的不快而联想到一国的大恨，由局部的受侵害而全民族震撼了。胆的味虽小，我们民众，个个都抱着尝胆的决心，那力量是不可侮的。

大脑分派出的“感觉神经”，在舌头的肉皮下四面埋伏着。那些神经的最前线，叫作“味蕾”，是侦察味之消息的前哨。这些味蕾的外层有好几个扁扁平平的普通细胞，内层则由6个或8个有特种职务的细胞，叫作“味细胞”所织成。味蕾不是舌头上处处都有，有的单有一个孤独的味细胞散在各处，也就能知味了。所以，味蕾好比一队一队的武装警士，味细胞就好比是单身的便衣侦探了。从口里来往的客货，通通要经过它们的检查盘问呀。

运到口里的客货，大部分都充为食品，那些食品当中，有好有坏，有美有丑，一经味蕾审查，没有不发觉的。虽然，这也不一定十分靠得住。有时，无味而有毒的物品，也可以混过去。何况有美味的食品，不一定就没有毒。又何况有毒的食品，也可以用甜美的香料来装饰，就如我们中国的敌人，一面步步尺尺侵略，一面还要口口声声亲善。倒是胆的味虽苦而无毒，反

可以时时刻刻提醒我们雪耻精神，再接再厉地奋斗。

味的发生，是有味物品和味细胞的胞浆直接接触的结果。

然而干的物品放在干的舌头上面，是没有味的。要发生味的感觉，那物品一定要先变成流体，或受口津的浸润而溶化。这就像民众的爱国观念，须先受民族精神的训练，国际知识的灌溉。没有训练，没有知识的民众，只堪做他人的奴隶、牛马，而不自觉。

味并不是物品所固有，并不是那物品的化学结构上的一种特性。

味是味细胞的特有情绪，特具感觉，受外物的压迫而发动。

蔗糖、饴糖和糖精，三种物品，在化学结构上大不相同，而它们的味，却都是甜甜的。糖精的甜味，且500倍于蔗糖。

反之，淀粉是与蔗糖一类的东西，反而白白净净，一些味儿都没有。

味又不一定要和外来的物品接触而发生，自家的血液内，若起了特殊的变化，也会和味发生关系。

患糖尿病的人，因为血里面的糖太多，有时终日都觉得舌头是甜甜的。

患黄疸病的人，因为胆汁无限制地流入血中，因此成天地舌底卧面都觉得是苦苦的。

有的生理学者说，这些手续，这些枝节，都不是绝对必要的。只需用电流来刺激味的神经，也会发生味的感觉。用阳极的电来刺激，就发生酸味；用阴极的电，就发生苦味。

总之，味的感觉，是味细胞的潜伏着的特性，不去触动它，

是不会发作的。

在这一点，味仿佛一般民众的情绪。不论是国内的汉奸，或本地的土劣，不论是哪里冲来的敌人，东洋还是西洋，谁叫我们大众吃苦头的，谁就激起了大众的公愤，一律要反抗，一律要打倒。

生理学家又说：味的感觉，虽有种种色色，大半不相同，基本的味，单纯的味，只有四种。哪四种？

一种是糖一般的甜，一种是醋一般的酸，一种是盐一般的咸，一种是胆一般的苦。

这四种，再加上香、臭、腥、辣、冷、热、油滑或粗糙，味的变化可就无穷了。这些附加的感觉，

都不是味，而味的本身，却为其所影响，变成混杂的感觉。

所以我们若塞着鼻子吃东西，许多杂味都可以消除。许多杂味，都是鼻子的感觉，不是我们舌头真正的感觉呀。

孔子在齐国听到了韶乐，有3个月的光阴，不知道肉是什么味。这是乐而忘味，并不是舌头的神经麻木了。舌头的神经，万一麻木，就如舆论不自由，是顶苦的苦情啊！

纯甜，纯酸，纯咸，纯苦，这四种单纯的味，在舌头上，各有各的势力范围和地盘。舌尖属甜，舌底属咸，舌的两旁属酸，舌根属苦。

生理学者就各依它们的地盘，去测验这四味的发生所需要的刺激力之最小限度。

研究的结果是，每100立方毫米的清水里面：

盐，只需放0.25克，就觉着咸；

糖，只需放0.50克，就觉着甜；

盐酸，只需放0.007克，就觉着酸；

鸡纳，只需放0.00005克，就觉着苦。

可见我们对于苦，有极大的感觉。我们的舌根，只需极轻微的苦味，就能发觉了。

真的，我们要知苦，还用不着尝胆哩。

这年头，是苦年头，苦上加苦，身家的苦，加上民族的苦。

苦是苦到头了，现在所需要的是对于苦之意义的认识。要解除苦的羁绊，还是靠我们吃苦的大众，抱着不怕苦的精神，团结起来，努力向前干。

触——清洁的标准

人是什么造成的呢？

生理学家说：人是血、肉、骨和神经等各种细胞组织而成。

化学家说：人是碳水化合物、蛋白质、脂肪等配制而成。

更简单点说，人是糖、盐、油及水的混合物。

先生、太太、娘姨、车夫、小姐、少爷、女工，不论是哪一种人，哪一流人，在科学家眼光看去，都是一样耐人寻味的活动试验品，一个个都是科学的玩具。

说到玩具，我记起昨天在一位朋友家里，看见了一个泥美人，这个美人虽是泥造的，而眉目如生，逼煞真人，也许比我所看见过的真的美人还美一分。泥美人与真美人不同的地方，一是没有生命的泥土，一是有生命的血肉。然而表面的一层皮，都是一样的好看，鲜艳可爱。

记得不久之前，我到“新光”去看《桃花扇》，从戏院里飘出来了一位装束时髦的贵妇人，洋车夫争先恐后地抢上去拉生意。那贵妇人，轻竖蛾眉，装出不耐烦而讨厌的样子，呲的一声，急急地和他后面的一个西装革履的男子，跳上汽车走了。我想，那贵妇人为什么这样讨厌洋车夫呢？恐怕都是外面这一层皮的颜色和气味不同的缘故吧！里面的血肉原是一样的啊！

同是血肉，不幸而为洋车夫，整天奔跑，挣扎一点儿钱，买几块烧饼吃还要养家，哪里有闲工夫天天洗澡，有闲钱买扑身

粉，以致汗流污积，臭味远播，使一般贵妇人见而急避。

同是血肉，何幸而为贵妇人，一天玩到晚，消耗丈夫的腰包，涂脂搽粉，香闻十里，使洋车夫敢望而不敢近。

现在让我们细察皮肤的结构，看上面到底有些什么。

皮肤的外层由无数鱼鳞式的细胞所组成。这些皮肤细胞时时刻刻都在死亡。同时，皮肤的内层，有脂肪腺，时时都在出油，有汗腺，时时出汗。这些死细胞、油、汗和外界飞来的灰尘相伴，便是细菌最妙的食品。于是细菌，远近来归，都聚集于皮肤毛孔之间，大吃特吃。

这些细菌里面，最常见的为“白葡萄球菌”，占90%，每个人的皮肤上都有，这种细菌，虽寄食于人，而无害于人，但它的气味，却有一点儿寒酸。

次为“黄葡萄球菌”，占5%。这种细菌可厉害了。它不甘于老吃皮肤上的污垢，还要侵入皮肤内层，去吃淋巴，被微血管里的白血球看见了，双方一碰头，就打起仗来。于是那人的皮肤上就生出疖子，疖子里面有白色的脓液，脓液就是白血球和“黄葡萄球菌”混战的结果。

其他普通的细菌，如“大肠杆菌”“变形杆菌”及“白喉类杆菌”，有时也在皮肤上出现。但是皮肤不是它们的用武之地，不过偶尔来到这里游历而已。

皮肤走了倒运，一旦遇到了凶恶狠毒的病菌，如“丹毒链球菌”“麻风杆菌”“淋球菌”之类，那就有极大的危险，不是寻常的事了。

我们既不能停止皮肤流汗出油，又不能避免它不和外界接触。所以唯一安全的办法，就是天天洗澡。然而天天洗，还是天天脏，细胞还须天天死，细菌还要天天来，何况在夏天，如洋车夫、小工人等不能常洗，真是苦了一般体力劳动者了。

虽然，整天地在烈日下奔走劳作的劳动者，袒胸露臂，光着两腿，日光就是他们的保障。日光可以杀菌，他们无时不在日光浴，而且劳动不息，肌肉活泼，血液流通，皮肤坚实，抵抗力甚强。这是他们天然健康，细菌可吃其汗，而不敢吃其血，所以他们身上，汗的气味虽浓，皮肤病则不多见。

摩登妇女天天洗濯，搽了多少粉，喷了多少香，蔻丹胭脂，无所不施，然而她能拒绝细菌不时地吻抱吗？而且细菌顶喜欢白嫩而柔弱的肉皮，谓其易于进攻也。于是达官贵人的太太、小姐乃至于姨太太，等等，春天也头痛，秋天也心跳，冬天发烧，夏天发冷了。

这样看来，同是肉皮，何必争贵贱，难道这一层薄薄的皮肤，涂上一些色彩，便算得健康和清洁的标准么吗？

我们再移转眼光去观察鼻孔、咽喉、口腔乃至于胃肠各部的清洁程度。

鼻孔的门户永远开放。整天整夜在那里收纳世界上的灰尘，虽经你洗了又洗，洗去了一丝丝的鼻涕，一下子，灰尘携着成千成万的细菌又回来了。在北平，大风一刮，走沙飞尘，这两个鼻孔，更像两间堆煤栈，犹幸鼻毛是天然的滤斗，把细菌灰尘都挡驾了。这些来拜访的小客人，多半都是“白喉类杆菌”及“白葡萄球菌”。有时来势凶猛，挡不住，被它们冲进去，到了咽喉。

咽喉是入肺的孔道，平时四面都伏有各种细菌，如“八叠球菌”“绿链球菌”及“阴性格兰氏球菌”之类。咽喉把守不紧，肺就危险了。

口腔虽开关自主，而一日三餐，说话之间，危机四伏，睡眠之时，张开大口，尤为危险。从口腔，经胃肠，至肛门，这一条大道，自婴儿呱呱坠地以来，即辟为食品商埠，更进而为细菌殖民地。细菌之扶老携幼，移民来此者摩肩接踵，形形色色，不胜枚举，其中以寄居于大肠里面的“大肠杆菌”为最著名，足迹遍人类之大肠。

这些熙熙攘攘的细菌，为摩登妇人所看不见，洗不净，不得不施以香粉，喷以香水，以掩其臭。这是车夫工人与达官贵人的共同点。车夫之肠固无二于贵人之肠也，车夫之屎不加臭，贵人之屁不加香。

然而贵人之食过于精美又不劳动而造成胃弱肠痛之病，车夫粗食，其胃甚强。这点贵人又不如车夫了。

贵人、贵妇人等，只讲面子，讲表皮上的漂亮、香甜，而内在的坚实、纯洁却让予车夫、工人了。

细菌的衣食住行

衣食住行是人生的四件大事，一件都不能缺少。不但人类如此，就是其他生物也何曾能缺少一件，不过没有人类这样讲究罢了。

细菌是极微极小的生物，是生物中的小宝宝。这位小宝宝穿的是什么？吃的是什么？住在哪里？怎样行动？我们倒要见识见识。

好呀，请细菌出来给我们看一看呀！

不行，细菌是肉眼看不见的东西，它比我们的眼珠小了2万倍呀。幸亏260年前荷兰有一位看门老头子叫作列文·虎克先生把它发现出来。列文·虎克先生一生的嗜好就是磨镜头，在他屋子里存着好几百架自制的显微镜，天天在镜头下观察各种微小东西的形状。有一天，他研究自己的齿垢，忽然看见好些微小的生物在唾液中游来游去，好像鱼在大海中游泳一般。这些微小的生物就是我们现在所要介绍的细菌。自从发现细菌以后，经过许多科学家辛辛苦苦研究，现在我们已渐渐知道它的私生活的情况了，但是大众对于细菌不过偶尔闻名而已，很少有见面的机会，至于它的衣食住行更莫名其妙了。

我们起初以为细菌实行裸体运动，一丝不挂，后来一经详细地观察，才晓得它们个个都穿着一层薄薄的衣服，科学的名词叫作荚膜。这种衣服是蜡制的，要把它染成紫色或红色才看得清楚。细菌顶怕热，若将它们抹在玻璃片上放在热气上烘,顷刻间这层蜡衣就化走了,露出它们娇嫩的肤体。它们又很爱体面,当它们来到人类或动物的体内游历,或在牛奶瓶中盘桓之时,穿得格外整齐,这层蜡衣显得格外分明。细菌的种族很多,其中以"荚膜杆菌""结核杆菌"及"肺炎球菌"三族衣服穿得特别讲究,特别厚,特别容易为我们所认识。

细菌的吃最为奇特而复杂,我们若将它详详细细地分析一下,也可以写成一部食经。在这里不便将它的全部秘密泄露,只略选其大概而已。细菌是贪吃的小孩子,它们一见了可吃的东西便抢着吃,吃个不休,非吃得精光不止。但它们也有吃荤绝对不吃素的,也有吃素绝对不吃荤的,所以,我们有动物病菌与植物病菌之分。大多数的细菌都是荤素兼吃。有的细菌荤素都不吃而去吃空气中的氮,或无机化合物如硝酸盐、亚硝酸盐、阿摩尼亚、一氧化碳之类。此外还有吃铁的铁菌和吃硫黄的硫菌。更有专吃死肉不吃活肉的腐菌和专吃活肉不吃死肉的病菌。麻风的病菌只吃人及猴子的肉,不肯吃别的东西,平常住在水里或土壤里的细菌,到了人或动物的身上就要饿死。然而结核杆菌及鼠疫杆菌等这些穷凶极恶的病菌就很调皮,它们在离开人体到了外界之后又能暂吃别的东西以维持生活。在吃的方面,细菌还有一种和人类差不多的脾气,我们不可不知道,就是太酸的不吃,太咸的不吃,太干的不吃,太淡而无味的也不吃,大凡合人类的胃口也就合它们的胃口。所以人类正在吃美味的东西,想不到它们也在那里不露声色地偷着吃。

细菌的住是和食连在一起的,吃到哪里就住到哪里,在哪

里住就吃哪里的东西,它们吃的范围是这样的广大,它们住的区域也就无止境了。而且它们在不吃的时候也可以随风飘游,它们的子孙便散布于全地球了(别的星球有没有我们还没有法子知道。从前德国有一位科学家特意地坐气球上升到天空去拜访空中的细菌,他发现离地面4000米之高还有好些细菌在那里徘徊)。大部分的细菌都是以土壤为归宿,而以粪土中所住的细菌为最多,大约每一克重的粪土住有115000000个细菌。由土壤而入于水,便以水为家,到了人及动植物身上,便以人及动植物的身体为家。还有一种细菌叫作“爱热菌”,在温泉里也可以过活。

好多种细菌身上都有一根或多根活泼而轻松的鞭毛。这鞭毛鼓舞起来它们便可在水中飞奔,伤寒杆菌能于1小时之内渡过4毫米长的路程。这一点儿的路在细菌看来实在远得很,因为它们的身长尚不及2微米,而4毫米却比2微米长2000倍。霍乱弧菌飞奔得更快,它们可于1小时之内渡过18厘米长的路程,比它们的身体长9万倍,别的生物都不能跑得这样快。然而细菌若专靠它们自己的鞭毛游动毕竟走得不远。它们是喜欢旅行,喜欢搬家的,于是不得不利用别的法子。它们看见苍蝇附在马尾还能日行千里,老鼠伏在船舱里犹能从欧洲搬到亚洲,它们何不就附在苍蝇和老鼠身上,岂不是也可以游历天下吗?于是蚊子苍蝇就成了它们的飞机,臭虫跳虱就成了它们的火车,鱼蟹蚝蛤就成了它们的轮船,自由自在地到处观光。不仅如此,它们还会骑人,在这个人身上骑一下又跳到另外一个人身上骑一下。你看,在电车上,在戏院里,在一切公共的场所，这个人吐了一口痰，那个人说话口沫四溅，都是它们旅行的好机会呀。

细菌的大菜馆

是人类开始的那一天，亚当和夏娃手携手，赤足露身，在伊甸河畔的伊甸园中，唱着歌儿，随处嬉游，满园树木花草，香气袭人。亚当指着天空一群飞鸟，又指着草原上一群牛羊，对夏娃说：看哪！这都是上帝赐给我们的食物呀。于是两口儿一齐跪伏在地上大声祷告，感谢上帝的恩惠。

这是犹太人的宗教传说。直到如今，在人类的半意识中，犹都以为天生万物皆供人类的食用、驱使、玩弄而已。

希腊神话中，欧林壁山上一切天神都是为人而有，如爱神司爱，战神司战，谷神司食，因为人而创出许多神来。

我们古老国家的一切山神、土地、灶君、城隍也都是替人掌管，为人而虚设其位。

这些渺渺茫茫无稽之谈都含有一种自大性的表现，自以为人类是天之骄子，地球上的主人翁。

自达尔文的《物种起源》出版后，就给这种自大的观念迎头一个痛击。他用种种科学的事实，说明了人类的祖先是猴儿，猴儿的祖宗又是阿米巴（变形虫），一切的动物都是远亲近戚。这样一说，人类又有什么特别贵重之处呢？人类不过是靠一点小聪明，得到一些小遗产，走了幸运，做了生物的官，刮了地球的皮，屠杀动物，砍折植物，发掘矿物，以饱自己的肚皮，供自己的享乐，乃复造出种种邪说，自称为万物之灵。

布伦费尔先生，美国的一位先进的细菌学家，正在约翰·霍普金斯大学医院实验室里，穿着白衣，坐在黑漆圆凳子上，俯着头细看显微镜下的某种大肠杆菌，忽然听见我讲到“饱自己的肚皮”一句，不禁失声大笑，没有转过头来，带有一半不承认我的话的口气接着就说：“饱谁的肚皮呀？恐怕不仅饱人类自己的肚皮吧？你就不想到人类的肚子里还有长期的食客，短期的食客，来来往往临时的食客呀。一个个两条腿走来走去的动物，还是细菌的游行大菜馆呀。”

我本来处于摇摇孤单的地位，硬着胆说了前面的一篇话，已预计会被听众包围问难，被他这一问，倒惊退一步。但他不等我回答，又站起来，回过身倚着试验桌旁，接着侃侃而谈。

“不仅人类的肚皮是细菌的菜馆，狮虎熊象、牛羊犬鼠、燕雁鸦雀、龟蛇鱼虾、蛤蚌蜗螺、蜂蚁蚊蝇，乃至于蚯蚓蛔虫，举凡一切有脊椎和无脊椎的动物，只需有一个可吃的肚皮或食管，都是细菌的大小菜馆、酒店。不但如此，鼻子喉咙还是细菌的咖啡馆，皮肤毛管还是细菌的小食摊，而地球上一沟一尘，一瓢一勺，莫不是它们乘风纳凉、饮冰、喝茶之所。细菌虽小，所占地盘之大，子孙之多，繁殖之速，食物之繁，无微弗至，无孔不入，诚人类所不能及。所以这世界的主人翁，生物的首席，与其让人类窃称，不如推举细菌。”

他说到这里顿了一顿，我赶紧含笑插进去说：

“然则弱小细微的东西从今可以自豪了。你的话一点儿都不错。强者大者不必自鸣得意，弱者小者毋庸垂头丧气。大的生物如恐龙巨象,因为自然界供养不起,早已绝种。现在以鲸鱼为最大,而大海之中不常见。老虎居深山中,奔波终日,不得一饱,看见丛林里一只肥鹿,喜之不胜,又被它逃走了。蚂蚁虽小,而能分工合作,昼夜辛勤,所获食料,可供冬日之需。生物愈小,得食愈易。我不要再拖长了。现在就请布伦费尔先生给我们讲一点儿细菌大菜馆的情形吧!”

布伦费尔先生是研究人类肚子里细菌的专家。他深知其中的奥妙。

于是,这位穿白衣的科学先生又开口了。这一次,他提高嗓子,用庄严而略带幽默的态度说:

“我们这一所细菌大菜馆,一开前门便是切菜间,壁上有自来水,长流不息,菜刀上下,石磨两列,排成半圆形,还有一个粉红色活动的地板。后面有一条长长的甬道,直达厨房。厨房是一只大油锅,可以放缩,里面自然发生一种强烈的酸汁,一种神秘的酵汁。厨房的后面,先有小食堂,后有大食堂,曲曲弯弯,千回百转,小食堂备有咖喱似的黄汁,以及其他油呀醋呀,一应俱全。大食堂的设备,较为粗简,然而客座极多,可容无数细菌,有后门,直通垃圾桶。

形形色色的菌客菌主菌亲菌友,有的挺着胸膛,有的弯腰曲背,有的圆脸儿涂脂搽粉,有的大腹便便,有的留个辫子,有的满面胡须,或摇摇摆摆,或一步一跳,或匍匐而入,或昂然直入。有从前门,有从后门。

从前门而入者,多留在切菜间,偷吃菜根肉余齿垢皮屑。然而常为自来水所冲洗,立脚不定。不然,若吃得过火,连墙

壁、地板、刀柄都要吃，于是乎人就有口肿、舌烂、牙痛之病了。

这一群食客里面，最常来光顾的有六大族。一为圆脸儿的‘小球菌’，二为像葡萄的‘葡萄球菌’，三为珠脸儿的‘链球菌’，四为硬挺挺的‘阳性格兰氏杆菌’，五为肥硕的‘阴性格兰氏杆菌’，六为弯腰曲背的‘螺旋菌’，这些怪姓，经过一次的介绍，恐你们仍记得不清啊。

在刷牙漱口的时候，这些无赖的客人，一时惊散，但门虽设而常开，它们又不请自来了。

婴儿呱呱坠地的一刹那间，这所新菜馆是冷清清地无声无息。但一见了空气，一经洗涤，细菌闻到腥秽的气味，就争先恐后，一个个从后门踉跄而入。假如将婴儿的肛门消毒，再用一条无菌的浴巾封好，则可经20小时之久，一验胎粪仍杳然无菌迹。一过了20小时之后，纵使后门围得水泄不通，而前门大开，细菌已伏在乳汁里面混进来了。

在母亲的乳汁中混进来的食客以‘乳枝杆菌’一族为最多，占99%，其中有时夹着几个‘肠球菌’及‘大肠杆菌’。

假如母亲的乳不够吃，又不愿意雇奶妈，而去请母黄牛作奶娘，由牛奶所带来的细菌，就五光十色了。最多数的不是‘乳枝杆菌’而是‘乳酸杆菌’了。此外还有各种各式的‘大肠杆菌’‘肠球菌’‘阳性格兰氏嗜气芽孢杆菌’‘厌气菌’等，甚至有时混着一两个刺客，如‘结核杆菌’，那就危险了，所以没有严格消毒过的牛奶，不可乱吃呀！

在成年的人肚子饿的时候，油锅里没有菜煮，细菌也不来了。一吃了东西，细菌却跟着进来，厨房里就拥挤不堪。但是胃汁是很强烈的，它们未吃半饱，都已淹死了。只有几种‘抗酸杆菌’及‘芽孢杆菌’还可幸免。但是有胃病的人，胃汁的酸性太弱，细菌仍得以自全，并且如‘八叠球菌’‘寄腐杆菌’等竟毫无顾忌地就在这厨房里组织新家庭，生出无数菌儿菌孙。而那病人的胃一阵一阵地痛了。

过了厨房，就是小食堂。那里食客还不多。然而食客到了食堂就流连不忍离去，于是有好些食客都由短期变成长期了，这些长期食客中以大肠杆菌为最主要。它的足迹走遍天下菜馆，不论是有色人种也好，无色人种也好，它都认得，每个人的肠内都有它在吃。”

说到这里，白衣科学先生用他尖长的右手的食指，指着桌上那一架显微镜说：

“我在这显微镜上看的就是这一种‘大肠杆菌’。其余的食客恕我不一一详举。

一到了大食堂，就热闹起来。摇头摆尾，挤眉弄眼，拍手踏足，摩肩攘臂，济济一堂，尽是细菌亲友，细菌本家。有时它们意见不合，争吵起来，扭做一团，全场大乱，人便觉得肚子里有一股气，放不出来。

快到后门了，菜渣和细菌及咖喱似的黄汁相拌，一变而为屎。1斤屎有四五两细菌哩。然而大部分都是吃得太饱胀死了。

以上所述，都是安分守己的细菌，还有一群专门捣墙毁壁的病菌，那我们不称它们作食客。简直叫它们作刺客暗杀党了。这就再请别位的专家来讲吧！”

细菌的形态

有了一架可以放大至1000倍左右的显微镜，看细菌就是便当的事了。只需将那有菌的东西，挑下一点点涂于玻璃薄片上，和以1滴清水，放在镜台上，把镜筒上下旋转，把眼睛搁在接目镜上一看，镜中自然隐约浮出细菌的原形来。

但是，这样看法，就好像半夜醒来，睡眠迷离中，望见天空烁烁灼灼，忽明忽暗的星河星云，看得太模糊恍惚了。

自柯赫先生引用了染色法以来，细菌也施紫涂朱，抹黄穿蓝，盛装艳服起来，显得分明鲜秀。

后来的细菌学家相继改良修进，格兰先生发明了阴阳染色法，齐尔、尼尔森两位先生发明了抗酸染色法，于是细菌经过洗染之后，轮廓不仅明显，内容清晰，而且可做种种的分类了。

就其轮廓而看，细菌大约可分为六大类：一为像菊花似的“放线菌”，二为像游丝似的“丝菌”，三为断干折枝似的“枝菌”（即分枝杆菌），四为小皮球似的“球菌”，五为小棒子似的“杆菌”，六为弯腰曲背的“弧菌”，那第六类，有的多弯了几弯，像小小螺丝钉，又叫作“螺旋菌”。这些细菌很少孤身漂泊，都爱成双结对，集队合群地，到处游行。球菌中，有的结成葡萄儿般的一把一把数十百个在一起，名为“葡萄球菌”，有的连成珠儿般的一串一串，有短有长，名为“链球菌”，有的拼成豆儿、栗子、花生般的一对一对，名为“双球菌”，有的整整四个做成一处，名为“四联球菌”，有的八个叠成立方体，名为“八叠球菌”。

杆菌中，有的竹竿儿似的一节一节；有的拥有马铃薯般的胖胖的身躯；有的大腹便便，身怀芽孢；有的芽孢在头上，身像鼓槌；有的两端肿胀，身似豆荚；有的身披一层荚膜；有的全身都是毛；有的头上留有辫子；有的既有辫子，又有尾巴；长长短短，有大有小。

细菌都有点阴阳怪气，有的阴盛，有的阳多，有的喜酸性，有的喜碱性。若用格兰先生的染料一染，点了碘酒之后，再用火酒来洗，有的就洗去了颜色，有的颜色洗不去了。洗去的就叫作“阴性格兰氏球菌”及“阴性格兰氏杆菌”；洗不去的就叫作“阳性格兰氏球菌”及“阳性格兰氏杆菌”哩。这阴阳两大类的球菌和杆菌，所以别者，皆因其化学结构及物理性质有所不同，换言之，即它们生理上的作用是不一样的呀。

有一类分枝杆菌，如著名的结核杆菌，满身都是油，很不容易染色，后来齐先生和尼先生，把它放火上烘，烘得油都化走了，于是一经染色，就是放在酸汁中浸，也洗不退，这就是抗酸染色，这一类杆菌，又被称为抗酸杆菌了。

染色之道益精，菌身的内容益彰。细菌身上或有芽孢，或有荚膜，或有鞭毛。前文已经隐隐提出。芽孢用以传种，荚膜用以自卫，鞭毛用以游动。除此之外，孢中并非空无一物，有说还有孢核，有说还有色粒，连细菌学家，都还没有一律的主见，我们俗人，不管他这个。

细菌的祖宗——生物的三元论

中国人最尊重的就是祖宗，所以现在我要谈起细菌的祖宗，一定很合你们的胃口，你们听了总不会十分讨厌吧。

不过，我们中国人从来是重男轻女，所谓祖宗都是指父系而言，和母亲娘家的人是毫无关系的。每逢年节，祭祖扫墓的事不都是纪念父系这边的祖先吗？

细菌这生物，不分男女，不别雌雄，即便有，也都一律平等，没有什么轻重之分，所以科学家不论是在显微镜下观察，或者是在玻璃器里试验，不知费了多少精神，几许工夫，总不能辨出它们，哪个是公，哪个是婆，哪个是夫，哪个是妇。

细菌的祖宗究竟是谁呢？

古今中外的帝王都有年谱。世家也有列传。细菌族里可惜没有族谱，而且从来没有人替它们立传。所以菌族先世的性状并没有记载可寻。

于是生物学者就纷纷议论起来了。

人类和细菌初次会面还不过是260多年前的事。中国人虽常吃香蕈蘑菇，然而这些都是大菌，和细菌无干。

有人说香蕈蘑菇之类的大菌便是细菌的祖宗。提出这个意见的人以为小的生物都是从大的生物而来。例如蚂蚁、蜜蜂、蝴蝶、苍蝇以及其他一切昆虫的祖宗，就是古生物时代号称为大海霸王的“三叶虫”。在当时“三叶虫”的躯体庞大无比，横行水中，水中小鱼小兽见了它都很羡慕，谁想到它后代的子孙,都是那么小小的。

又如龟蛇鳄鱼这一类的动物,它们的祖宗,也曾在大陆上横行过一时,那时代就叫作爬虫时代,那些爬虫,如恐龙怪蟒之类,都是顶大顶可怕的。

就是我们人类的祖宗,原始人的躯体听说也比现代人大了好些。这些不都是生物从大而小的证据吗?

然而有些微生物学者听了这话又大不以为然了。据他们说单细胞生物是多细胞生物的祖宗,而单细胞生物却比多细胞生物小。这样一说,生物的演变又是由小而大了。

据说最近几十年内,微生物学者又发现了好几种有生命的小东西,小到连显微镜下都看不见,因而称作“超显微镜的生物”。那么,这些“超显微镜的生物”,是不是细菌的祖宗,而细菌又是不是其他一切生物的祖宗呢?

但是“超显微镜的生物”,也和细菌一样,也和香蕈蘑菇一样,都不能独立自主地生活,都须寄生于其他生物的身上,这样一说,就都没有做祖宗的资格,因为没有主人就不会有客人,没有其他生物之先,哪里会有寄生物呢?

这岂不是像细菌这一类的东西,只配做人家的儿孙,不配做人家的祖宗吗?

生物学者向来强把生物分作两大界:一界是植物,一界是动物。

我以为既分作两界,不如分作三界。另添的一界是菌物,就是指香蕈蘑菇和细菌这一类的东西。

分作两界最大的理由,是因为植物体内有“叶绿素”,靠着这叶绿素的力量，它会利用阳光，将水及二氧化碳综合起来变成糖类。动物却没有这个本事，这是动植物两界基本上不同的地方。

其次，就是因为动物能行动自由，不受土地的束缚，而植物则非连根带泥拔出来，就动不得，偶尔身上长有鞭毛或纤毛，然而也只能使局部略略飘动罢了，并不是全身的迁移。

再次就是因为动物须到处寻找食物，所以具有敏锐的感觉神经，而植物无须仔细去辨别食物，所以并没有像动物那样敏锐的感觉。

最后就是因为这两界的生物的形态大不相同。动物的身体都是缩做一团，上面有一条孔道可通食物，又具有消化器。植物所吃的东西都是气体和液体，这些东西四处都有，又无须经过消化的手续，所以它们的“枝干”“叶根”都是四面张开。

现在大个子的菌物，如香蕈蘑菇之类，都是附着树干上而生，它们的外貌和植物没有两样，所以生物学者都把它们认作植物，可是它们的体内并没有一点儿叶绿素。没有叶绿素又怎样配称作植物呢！

至于细菌这一类小小的东西，固然有的也在土中生长，有的也随着空气而飘荡，有的也在水中奔波逐流，有的竟漂泊到动植物身上去，就是你们人类的肚子里也有它们的踪迹，它们身上的鞭毛又很活泼，在液体中游动起来，真比汽船潜艇还快，这些都充分地表示它们可以自由行动，并不受土壤的节制。况且它们身上也没有一丝一毫的叶绿素，这样看来应当把它们归于动物一界了。

然而生物学者犹豫了半世纪之久，后来到底因为它们的生活状态极似大菌，终于通过，列它们于植物之界了。

细菌族里还有一位螺大哥，它的形状弯弯曲曲，很像螺丝钉，因为它身上没有鞭毛，靠着它自身一弯一曲的力量，而能飞快地游动，因此有时生物学者又把它拉入动物之界了。这似乎有点不公平。这是生物学传统的观念，以为生物只能有两界，不是植物，便是动物，只看形式，不顾实际。

植物固然有叶绿素，能自制糖。这糖便是植物自身的食料，但它造得太多了，而有过剩，这些过剩的食料便送给动物吃了。

动物因为有消化器，所以能把这些植物中过剩的食料，分解了而又重新综合起来，变成自身组织的结构。若植物只管制造食料，动物只管吞吃食料而没有第三者出来代自然界收回这些原料，以供植物的再取再用，那生物界就有绝食之虞了。

这第三者的工作，就是菌物界的各分子来担任了。

香蕈蘑菇的工作，就是去分解树皮、树干、树枝、树叶这一类坚硬的东西，使它们软化，然后昆虫吃了才能消化。

细菌的工作，就是去分解动物的尸身，把它们变成各种无机物，以供植物直接从土中吸收。由此可见，生物的循环，是有三大段，第一段是植物的工作，第二段是动物的工作，第三段便是菌物的工作了。生物既分作三界了，菌族的地位也就名正言顺，落落大方，不必依傍他物了，于是菌族的祖宗也就有些眉目可寻了。

这些眉目在哪里呢？

我们现在请达尔文先生出来作见证吧。在达尔文先生的《物种起源》里，一切生物的进化程序，都可以说是由简单而复杂。

这样一说，单细胞生物无疑的是多细胞生物的祖宗了。

阿米巴是最简单的单细胞动物，于是阿米巴就做了动物界的祖宗了。青苔是最简单的单细胞植物，于是青苔就做了植物界的祖宗了。细菌是最简单的单细胞菌物，于是细菌也就做了菌物界的祖宗了。

这三界是一样的重要，缺一不可，这便是生物的三元论。

阿米巴、青苔和细菌是生物的三位“教主”。然则谁是生物的“太上老君”呢？那就渺渺茫茫无从考据了。